奥妙科普系列丛

U0696008

DISCOVERY

让青少年着迷
的科普书

彩图珍藏版

无尽的
海洋世界

张晓燕◎编著

吉林出版集团股份有限公司·全国百佳图书出版单位

图书在版编目 (CIP) 数据

无尽的海洋世界 / 张晓燕编著 . -- 长春：吉林出版
集团股份有限公司， 2013.12（2021.12 重印）
（奥妙科普系列丛书）
ISBN 978-7-5534-3906-8

Ⅰ . ①无… Ⅱ . ①张… Ⅲ . ①海洋—青年读物②海洋
—少年读物 Ⅳ . ① P7-49
中国版本图书馆 CIP 数据核字 (2013) 第 317305 号

WUJIN DE HAIYANG SHIJIE

无 尽 的 海 洋 世 界

编　　著：张晓燕
责任编辑：孙　婷
封面设计：晴晨工作室
版式设计：晴晨工作室
出　　版：吉林出版集团股份有限公司
发　　行：吉林出版集团青少年书刊发行有限公司
地　　址：长春市福祉大路 5788 号
邮政编码：130021
电　　话：0431-81629800
印　　刷：永清县晔盛亚胶印有限公司
版　　次：2014 年 3 月第 1 版
印　　次：2021 年 12 月第 5 次印刷
开　　本：710mm×1000mm　　1/16
印　　张：12
字　　数：176 千字
书　　号：ISBN 978-7-5534-3906-8
定　　价：45.00 元

前言

Foreword

从太空看地球，地球是一个蓝色的星体。地球总面积的四分之三被蔚蓝色的海洋所覆盖，海洋是地球生命的摇篮，海洋是人类千万年来取之不尽、用之不竭的资源宝库。随着科学技术的发展，人口数量的增长，人们日益受到粮食资源、油气资源、土地资源等问题的困扰。怎么才能解决这个难题？于是科学家们把目光锁定在了海洋。

21 世纪是海洋的世纪，21 世纪的主人翁是朝气蓬勃的青少年。青少年是世界未来的主宰，是未来经济腾飞和科技腾飞的主力军。海洋将是青少年大显身手的的地方。未来是与海洋息息相关的时代，海洋的奥秘是无尽的，青少年只有乘着知识的翅膀，在海洋中不断探索，去了解、去发现海洋。

目录

CONTENTS

目录

CONTENTS

第四章　海洋生物

目录

第一章
海洋的概述

地球是宇宙中唯一一个已知的存在生命迹象的天体，是人类及万千生物的家园，从太空看，地球是一个蓝色的星球。为什么地球会是蓝色的呢？这是因为地球上的海洋面积有 3.6 亿平方千米，在 5.1 亿平方千米的地球表面积中占 71%，相当于 2.5 倍的陆地面积。海洋在各大洋的相互连通下成为一个连续的整体，因而从太空看，地球是蓝色的。因为地球上 3/4 都是水，所以也有人将地球称为"水球"。

■ Part1 第一章

影响海的颜色的因素

海的颜色并不是一成不变的，它会因天气的变化而变化。晴天的时候海是蓝色的；阳光下海是金色的，但这些都不是海的本色，究竟海的颜色是怎样呢？

海水的颜色简称水色，是指海洋中的水本身所呈现的颜色。它是海洋水对太阳光线吸收和散射选择的结果，与天气变化无关。

太阳光照到海面时，阳光中的七种颜色其光线、波长是不一样的。海水对于波长较长的光线很容易吸收，对于波长较短的则吸收较弱。红光、橙光和黄光这些长波光线进入海中后，都在不同的深度被吸收了。绿光到达一定的深度也被吸收了。波长较短的蓝光和紫光不容易被吸收，遇到水分子或其他微粒就会被反射回来，或是四处散开。所以当海水清澈时，日光中被海水吸收不了的蓝光和紫光就被反射或散射到我们眼里，这样我们看见的大海就是蓝色的了。

❖ 海水

除了海水本身的光学特性能决定海洋水体的透明度和水色外，太阳光对它们的影响也不小。通常，太阳光线越充足、越强烈，海水就越透明，水色就越清澈，光线就能更深地照进海水深处。反之太阳光线越弱，海水就越浑浊，水色就越暗淡，照入海水中的光线也就不会太深。所以，我们看到海洋的颜色呈现出浅绿、蓝绿、蓝、深蓝等不同颜色就是因为透明度的关系。

除此之外，海洋中悬浮物的多少和大小也会影响海水的透明度和水色。在大洋里，水质清澈，悬浮物不多，颗粒也很细小，所以水的透明度较高，水色就会呈现出蓝色。接近陆地的浅海或是海滩附近，因为离陆地上的泥沙很近，水中就会有大量颗粒较大的悬浮物，这时水的透明度就会受到影响，往往只能呈现出绿色、黄色或黄绿色，很少会是蓝色。

知识小链接

黄海因其大片水域都呈现黄色而得名。这是因为七八百年间黄河水一直都流入黄海，由于黄河水流经黄土高原，沿途携带了大量泥沙，这样黄色的河水注入海中，降低了海水的透明度，经过几百年的沉积和注入，黄海的海水自然也就带有了泥沙的颜色。

处于不同地理位置的大洋中的水色和透明度还会因纬度不同而产生水色差异。在气温较高的热带、亚热带海域，水层较为稳定，海水会比较蓝。而气温较低的温带和寒带海区，海水就不会显得那么蓝。另外，海水的含盐量多少也会影响水色。海水中含盐量低的，水色偏淡青；海水非常蓝的，通常含盐量都很高。

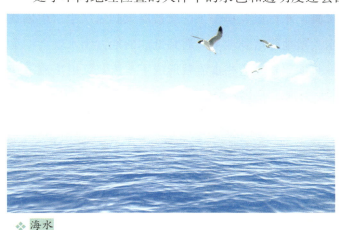

❖ 海水

Part1 第一章

最初的海洋

辽阔的海洋占地球表面近3/4的面积，海水占地球总水量的96.53％。如此众多的海水是从哪里来的？又是怎样汇聚成海洋的呢？

广阔壮观的海洋并不是从一开始就存在的。地球最初形成的时候，地球表面非常炙热，水分蒸发很快，因此大气中并没有多少水分，在这样的环境中海水很难留存下来。后来地球表面的温度慢慢降了下来，地面的水汽不会再因为高温度而沸腾，水汽蒸发得慢了，就被凝聚到云层中，积累到一定程度便变成雨，雨水大量地降落到地上，遇到低洼的地方雨水就会汇集起来。日复一日、年复一年地累积，这些水流就形成了溪流，又由溪流汇聚成了江河，又由江河扩大为海洋。原始海洋就这样形成了。

虽然原始海洋也称为海洋，不过原始海洋可没有现在海洋的规模这么大，水量也很少，只有现代海洋的1/10。

❖ 海洋

后来，水流逐渐增大，贮藏在地球内部的结构水也慢慢汇聚到海里，又吸收了很多水流以后，海洋慢慢扩大，成了波澜壮阔的现代海洋。

早期的海水既不苦也不咸。后来在不断补充水流的过程中，地面的水通过循环不断将岩石和土层分解的无机盐溶解，随着河流流入海洋，积累的盐

海是盐的故乡，海水不仅含盐量高，而且种类众多，其中约90%是食盐。这么多的盐是从哪儿来的呢？科学家研究发现，海水中的盐是由陆地上的江河带来的。江河在流动过程中，流经各种土壤和岩层，将岩层和土壤中的盐溶解并带入大海，海水又经过不断蒸发，盐的浓度越来越高，海中就有了很多的盐。

分多了，海水才变咸的。

原始海洋虽然没有现代海洋辽阔，但是它所含的丰富营养，却比现代海洋要多很多。原始大气在化学演化过程中所形成的氨基酸、核苷酸、核糖、脱氧核糖等有机分子都随着雨水冲进了原始海洋，并迅速地下沉到原始海洋的中层，经过亿万年的积累，原始海洋中的有机分子越来越丰富，为生命的诞生创造了相应的条件。

❖ 海洋

■ Part1 第一章

什么是海，什么是洋

　　我们经常说"海洋"，其实海和洋并不是一回事，它们彼此之间是有区别的。究竟什么是海，什么是洋呢？

海洋的中间部分称为洋。洋是世界海洋的主体部分，远离大陆，占海洋总面积的89％。一般大洋的水深不会低于3000米，最深处超过10,000米。大洋的水色是很透明的蔚蓝色，水中的杂质非常少。全球海洋被划分为几个大洋和相对面积小一点的海。大洋一共分为四个：太平洋、大西洋、印度洋和北冰洋。由于面积广阔，受陆地的影响又较小，大洋都有比较稳定的独立海流和潮汐系统。

❖ 大海

　　海在海洋面积中占的比例很小，只有11％。根据所处位置的不同，海可以划分为边缘海、内陆海和陆间海。

知识小链接

　　大海中所含的盐分并不平均，海水盐度的平均点约为3.5％。有些海水的含盐度是低于这个平均点的，例如波罗的海，还有些海水的含盐度远远高于这个平均点，如红海。这些溶解在海水中的无机盐，大部分是氯化钠，也就是我们日常用的食盐。

　　边缘海又称"缘海"或"边海"，处于大海的边缘，濒临大陆，是被半岛、岛屿或群岛与大洋分开的海，按其主轴方向

❖ 大海

边缘海还可分为纵边缘海和横边缘海。主轴方向平行于附近陆地主断层线的就是纵边缘海，如白令海、鄂霍次克海、日本海等；主轴方向与陆地主断层线大体上呈直角就是横边缘海，如北海等。

❖ 大海

内陆海是被陆地或岛屿、群岛所包围的海，处于大陆内部，只通过狭窄的水道和大洋连接，如欧洲的波罗的海等。

陆间海是处于几个大陆之间的海，也可以叫作地中海，面积比较大，深度也比较深，通过海峡和毗邻的海区与大洋连通。典型的路间海有介于中美和南美大陆之间的加勒比海，和位于欧洲、亚洲、非洲之间的地中海。

Part1 第一章

大海的深度

浩瀚的大海一碧万顷，遍布在我们居住的星球上，海底的世界奇妙无比，如同陆地一样，有高山，有沟壑，也有深涧，但是大海究竟有多深呢？

古时候，科学技术不发达，因此测量结果很不准确，尽管如此，还是有人开始对海洋的深度产生了兴趣，并进行了各类探测性的尝试。相传航海家哥伦布就曾用一根 800 米长的绳子系了一个金属锤去探测大海的深度，但绳子还没有触到海底，他就已经认定海的深度是多少了，这个方法不仅有些可笑，而且也不可能得到准确的数字。

随着科学技术的发展，到今天人们已经能够利用电子学对海的深度做出准确的测量，这种测量的方法叫作"回声定位法"。所谓回声定位就如同我们在山谷中听到的回声一样，使用回声探测仪在水面上向海底发射超声波，声波在触到海底后就会被反射回来，回声探测仪收到信号后，根据声波所用时间和声波每秒在海水里行进的速度，就可以计算出声波总长度，从而知道海的深度。

随着人们不断地反复测量计算，现在不但可以知道海的深度，还可以知道海里各个区域的深度。

海的深度随着地势走向逐渐加深，内陆附近的浅海区水深只有 200 米左右，而

知识小链接

地球表面被各大陆地分隔为彼此相通的广大水域称为海洋，其总面积约为 3.6 亿平方千米，约占地球表面积的71%，海洋中大约有 13 亿立方千米的水，约占地球上总水量的 97%，而可用于人类饮用只占 2%。

❖ 中国的大海深度测量器

到了大陆坡，坡势很陡，水深增到 2500 米。再往深处到大陆裙，水深最高能接近 4000 米。而大洋最深处的深度更是深达 6000 米。不过这还不是最深的，目前探得海底最深处是马里亚纳海沟，深度为 11,034 米，海底 10,000 多米。这是怎样一个深度啊，大海的深度真是神秘，引起人们无限的探索兴趣。

❖ 海的深度

Part1 第一章

生命起源于海洋

早期的地球上并没有生命，随着地球温度的降低，雨水汇聚到地面形成海洋，各种有机分子随着雨水溶入到海洋中，为生命的产生提供了必要的条件，海洋就成了孕育生命的摇篮。

海洋中的蛋白质、核酸分子等物质在长期演变中不断增多，终于形成了适宜生命产生的环境，大约在38亿年前，海洋里出现了低等的单细胞生物，这就是最早的生命。

早期的地球，没有臭氧层的保护，还不能阻挡有害的紫外线的侵袭，陆地上也没有氧气，生物在这样的环境里无法存活。但海水能有效阻挡紫外线的杀伤力，因此海洋就成了生命最好的摇篮。

❖ 海洋

科学家发现人的胚胎在早期发育阶段也有过鳃裂，由此推断人类起源于水中，靠鳃在水中呼吸，后来随着进化鳃退化了，但在胚胎早期发育阶段仍留下了鳃的痕迹。

不仅是人类，所有的脊椎动物在胚胎的早期，都有鳃裂现象。鳃裂，是脊椎动物出自海洋的有力证据。

关于生命是否起源于海洋的争论一直存在。究竟是不是海洋孕育了生命呢？1977 年克里斯在太平洋底部温度高达二三百摄氏度的热泉中，发现了大量嗜热微生物，那里的环境十分接近于早期的地球环境。为海洋孕育了生命找到了可靠的依据。

2000 年，澳大利亚科学家罗斯玛森，在澳大利亚的火山沉积岩中发现了大量丝状体，这些保存完好的丝状体距今大约 32 亿年。这说明生命在热泉附近早已大量存在。生命起源于俗称"黑烟囱"的海底热泉，成为目前最科学的说法。

在生命产生后，又经过漫长的演变，地球上才产生了氧气和二氧化碳，此时生物才从海洋移居到陆地。生命的进化由此开始一点点完成。

❖ 海洋

■ Part1 第一章

海水的颜色

> 大海中蕴含着丰富的物质，除了大量的氯化钠，还有钾、碘、钠、溴等各种元素，丰富的海洋环境成为许多海洋动物和植物生存的乐园。

在我们的印象中大海都是蔚蓝色的，似乎海水本身就是蓝色，可是舀起一瓢海水却发现海水没有任何颜色，跟陆地上的水一样，都是无色透明的。既然海水是无色的，那为什么大片的海水会显现出蓝色呢？

其实这是光线的作用！太阳光中有赤、橙、黄、绿、青、蓝、紫七种颜色，这些不同颜色的光线的波长是不一样的，阳光进入海中，各色光线在海的不同深度被逐个吸收，红色和橙色、黄色这样波长较长的最先被吸收，绿色在到达一定程度后，也被吸收掉，大部分的紫色又被海中的植物吸收掉，

只有少量紫色和蓝色这些波长较短的光线被散射或者反射回来，映入我们的视线中，所以我们看到的海就是蓝色的了。

另外，海水中含盐量很高，盐分的多少，对海水的颜色也会有影响。含盐量少的海水，颜色就会偏浅，通常呈现出青色，含盐量高的，颜色就会很蓝！

知识小链接

既然海水这样丰富，陆地上的淡水又很缺乏，那能不能直接把海水当作饮用水呢？答案是否定的。由于海水中含盐量太高，人饮用后不但不能解渴，还会排出很多身体内的水，饮用过量的海水，很可能造成人脱水死亡，所以海水是不能饮用的。

大海的活力——大洋环流

> 看似平静的大海并不是只有刮起风浪的时候才是运动的,事实上海水无时无刻不在流动,它们相互循环,不断输送着热量、盐类和氧气,使彼此充满了活力。

这些循环流动的海水就是大洋环流。大洋环流的形式多样,有表层的环流,也有下层的潜流,有顺时针的,也有逆时针的。为什么大洋环流有这么多种形式呢?这是因为它们是受海风、地理位置、地球自转和盐分等多方面综合因素作用的影响而成的,所以表现的形式也就不同。

海上的大风如果常年风力稳定,就会形成势头旺盛的海流,例如赤道流就是信风带偏东风吹动的结果。而西风带的强劲作用就带动了稳定的西风漂流的产生。这些与风的作用有关的海流都属于海洋表层的海流,因此又叫"风海流"。

除了风力形成的环流外,大陆分布和地球自转中的偏向力对环流也有影响。当赤道流受到陆地阻隔的时候,一小部分洋流潜入下层返回,成为赤道潜流;其他大部分洋流受地球偏向力牵引转弯,在北半球的受偏向力的影响会向右转,在南半球的则向左转。在洋流的转弯过程中受到地球偏转

❖ 大洋环流

力的加大，最终将西风风带和偏向力合成一体，将海流变成向东的西风漂流。同理，西风漂流到大洋东岸也向赤道流去，从而就形成了一个大循环。

大洋环流还与海水的盐度差异和温度有关，由温度和盐度引起的环流叫作热盐环流。

大洋环流还分为逆时针和顺时针环流，例如大洋环流中的逆时针环流是由南赤道流、东澳大利亚流、西风漂流和秘鲁海流组成的。北大西洋环流由北赤道流、墨西哥湾流、北大西洋流和加那利海流组成；南大西洋环流由南赤道流、巴西海流、西风漂流和本格拉海流组成。

与北大西洋环流相比印度洋环流有两大特点，它的环流只在赤道以南，赤道北部因为洋域太小，受陆地影响较大，所以环流常年不稳定，夏天印度洋北部的洋流方向是从东向西流的，会在孟加拉湾和阿拉伯海形成两个顺时针的小环流；冬季洋流则变成西向东流。

北冰洋则只有一个顺时针的环流。

知识小链接

大洋环流如同天然的暖气管道，为世界输送热量，它将赤道附近的热量输送到高纬度寒冷的地方，均衡了地球的冷热，调节了地球的气候，因为大洋环流的作用，寒冷的地方多了些温暖，炎热的地方增添了凉爽，在世界大洋所有的暖流中，湾流起的作用最大。湾流所输送的热量约相当于燃烧6000万吨煤炭放出的热量那么多。

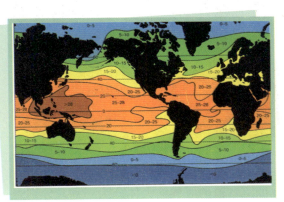

❖ 大洋环流

■ Part1 第一章

海浪从哪里来

> 美丽的海浪总是出现在人们的文章里，在深沉的大海上海浪一朵一朵万头攒动，似乎天生就是个可爱的精灵，如此活泼的海浪是怎样形成的呢？

海浪是海水波动的一种现象，是海面起伏形状的传播，当海水受到外力作用的时候，水质点会脱离原来的位置，之后又在水的表面张力作用下恢复到原来的平衡位置，海水就这样以平衡点为中心，做匀速圆周振动。连续起伏的水质点就构成一定的波形，在这条波形上，经过一段时间，各个水质点围绕平衡点移动的距离就会相等，并做周期性振动，水质点振动一周的周期，就是波浪的周期。

❖ 浪花

海浪的种类

海浪并不都是浪花朵朵，也有惊涛骇浪的时候。大体分为三种，分别是风浪、涌浪和近岸浪。

风浪的形成自然和风有关，海面上风力越大，风速越强，浪花就越大。狂风突起的时候，海浪可高达 30 米，十分骇人。

涌浪又叫长浪，当风速减弱或风向改变后遗留下来的浪就是涌浪。涌浪失去风力的助长又受到空气阻力和海水摩擦的影响，失去不少能量，波高也会降低，周期拉长，波面变得更加规则和光滑。

近岸浪是风浪和涌浪传到海岸附近受到地形作用改变了波动性质的海浪。

海浪的利用

波浪是一种巨大的能源，很早以前人们就学会利用波浪来制造动能。1799 年法国人吉拉德父子发明了利用波浪的机械。1910 年，法国人布索·白拉塞克利用与海水相通的密闭竖管中的空气，在海浪起伏作用下被收缩，驱动活塞往复运动的原理，在其海滨住宅附近建了一座能够供应 1000 瓦电力的发电站。

❖ 浪花

■ Part1 第一章

潮汐

大海有涨潮也有落潮的时候，白天海水的涌动叫作潮，晚上海水的涌动叫作汐。潮汐是在月球和太阳引潮力作用下产生的一种周期性运动。

引潮力是什么呢？从物理学角度讲，地球由于公转和自转而产生离心力等四种力的合力称为引潮力。古人对于潮汐的形成有多种猜想，古希腊哲学家柏拉图就曾认为，潮汐就是地球在呼吸，是由海底岩穴的振动引起的。到了 17 世纪，牛顿用引力定律解释了月球和太阳对海水的吸引才是引发潮汐的原因，从而科学地解释了这一自然现象。

❖ 潮汐

究竟潮汐是怎么形成的呢？海水受地球自转的影响也在旋转，受到离心力的影响，在旋转过程中逐渐偏离了旋转中心，就如同转动的雨伞一样，伞上的水珠随着伞的转动就会被抛出伞面。因为月球和太阳对地球的影响是有规律的，所以潮汐也是有规律的。

潮汐的利用

同海浪一样，潮汐也是可利用的能源。除了可以利用潮汐捕鱼、航运和产盐外，还可以养殖海洋生物和发电。

理论上讲全世界潮汐能蕴藏量约为 30 亿千瓦。中国岛屿众多，海岸线曲折漫长，潮汐蕴含量约 1.1 亿千瓦，尤其是福建和浙江两省潮汐能总量约占全国总量的 80.9%，全国每年潮汐发电量高达 2750 千瓦时，比 40 多个新安江水电站的发电总和还多。

知识小链接

1661 年 4 月 21 日，郑成功进入台湾攻打赤嵌城。趁着涨潮时河道变深变宽，郑成功率领军队迅速顺流通过鹿耳门，在禾寮港一举登陆成功。

钱塘江大潮

中国最有名的大潮是钱塘江大潮，钱塘江口外宽内窄，呈明显的喇叭状。出海口的江面有 100 千米宽，越往里江面越窄，到海宁盐官镇一带时，江面骤然降到只有 3 千米宽。涨潮时，海潮倒灌，宽阔的江口，一下子涌进大量海水，海水向内推进，由于江面逐渐变得狭窄，汹涌的潮水被拥挤到一起，就形成了大潮，前面的水还没有疏通，后面的浪又赶上来，一浪高过一浪，十分壮观。因为海宁是观赏钱塘江大潮的最佳地点，所以钱塘大潮也叫"海宁潮"，每年农历八月十八日是观潮节。

◇ 潮汐

■ Part1 第一章

可怕的**海啸**

可怕的海啸具有瞬间摧毁房屋等建筑的破坏力，它的破坏强度不亚于地震和火山爆发，甚至比陆地上的灾害更加可怕。

大海平时看似风平浪静，一旦风起云涌起来，便会带来狂风巨浪，海啸掀起的海浪有时可高达数十米，所到之处农田被淹没，住宅被冲毁，城市成为一片瓦砾，是不容小视的自然灾害。

❖ 海啸

海啸产生的原因

海啸通常由地震引起，地震的动力引起海水剧烈的起伏，海水因此形成强大的波浪，这些波浪在深海里起伏并不明显，一旦到了距离岸边较近的浅水区，巨大的冲击就会将海浪骤然掀起，形成海啸。海啸像一道道潮水铸成的高墙一样，向前推进，扑到岸上，为沿岸带来巨大的损失。

除了地震海啸还有火山、大气核爆炸引起的海啸。

历史上重大海啸事件

海洋孕育了生命，但也曾给人类和陆地上的生物带来毁灭性的灾难，世界各国中遭受过海啸袭击的不在少数，每次海啸来袭，都给人类的生命和财产带来巨大的损失。

1883年苏门答腊及爪哇岛由于火山爆发引发的海啸致使3.5万人死亡。

日本是地震和海啸的多发区，1896年海啸中死亡人数达两万多人。1946年日本南部发生大海啸，致使十万人丧失了家园。

就连地处温和的太平洋上的美国也未能幸免，1946年美国夏威夷发生海啸，死亡人数两百人。

❖ 海啸

而伤亡最惨重的海啸事件当属 2004 年印度尼西亚大海啸，这次大海啸苏门答腊岛 9 级地震引发，这场海啸中共死亡 20 万人，可谓海啸历史上死亡人数最多的一次。

海啸中如何逃生

面对不可避免的海啸灾难，并不是没有生存的可能，只要学会必要的逃生技能，还是有生还机会的。

第一，通常海啸都与地震相连，地震是海啸的前兆，如果感受到了大地的震动，那么就要预备海啸发生的可能了，这时候一定要远离海岸，尽量到内陆去。

第二，听到海啸预警后，应该马上把船只开到开阔海域，如果时间紧急，不能马上离开海港，也不要停留在停泊在海港内的船只上。

第三，如果发现水面明显升高或者降低，这也是海啸来临的前兆，应当立即离开海里到内陆上的高处暂避。

第四，准备装有常备药品、食品、饮用水的急救包和在遇到灾害时保证可以供应 72 小时的必需品。

■ Part1 第一章

海冰的危害

AOMIMEIWEIMEIDE...

冰在陆地上被人们雕琢成冰雕和冰灯，为人们的生活带来乐趣，但是冰如果聚集到海里成为海冰，却能成为一种灾难。

海冰是指由海水冻结成的咸水冰，也有一部分是由江河注入海中的淡水形成的，它对极地地区的水文、生态都有很大影响。同其他的海洋资源不同，海冰对人类更多的不是造福而是灾难，它是海洋五大主要灾害之一，素有"白色杀手"之称，海冰过多时，经常会导致海港封锁，航道堵塞，船只挤压等问题。

有如此危害的海冰是怎样形成的？海水结冰时，气温低于水温，水中的热量大量丧失，水中夹杂有大量的雪花等悬浮物，水中热量丧失后在低于0℃的情况下出现还不能结冰的过冷却现象。

❖ 海冰

海冰的分布情况

我国海域里也分布有不少海冰，主要集中在渤海和黄海北部。世界上的海冰则主要集中在南极和北极。南极洲蕴含的冰块占全球冰块总量的90%以上，在南半球水域里出现的冰山往往比北半球的大得多，有的就如同一座冰岛那么大，高达数百米，宽有几百千米。

海冰灾害

最著名的海冰灾难要数 1912 年 4 月的泰坦尼克号撞击冰山后沉没事件，此次事件令 1500 余人丧生。类似事件并非只此一例，我国也曾遭受过海冰灾难事件。1969 年渤海特大冰封时期，海冰将"海二井"的石油平台推倒，另外将重 500 吨的"海一井"平台支座拉筋全部割断，给我国造成了巨大的损失。

海冰对人类的危害暂时还不能完全避免，如果海冰融化消失了，对人类将又是一场新的灾难！首先海水会上涨并淹没很多低洼的陆地，同时冰块融化释放出的二氧化碳和甲烷同样会给人们带来危害，所以对于如何解除海冰的危害这个课题来说人类仍然任重道远，不容乐观。

知识小链接

海冰除了对气候有影响外，对于船只和海港也有很大危害，海冰过多会封锁航道，阻碍船只通行，影响搜救工作的进行，同时还有可能堵塞舰船海底门，巨大的冰块还会破坏海上各种设施，造成渔民无法正常工作，使其蒙受损失。海冰对于海洋生物也有一定影响，鲸类的迁徙常常会因为海冰受到阻碍。

❖ 海冰

■ **Part1** 第一章

异常的气候——厄尔尼诺

曾几何时，一个名叫厄尔尼诺现象的词汇进入人们的生活，这个出自秘鲁和厄瓜多尔渔民口中的词汇，成了全球异常气候的代名词。

厄尔尼诺现象主要表现为太平洋东部和中部的热带海洋的海水温度异常，海水持续变暖，从而引起全球气候模式发生变化。气候的失衡导致有些地区连续降雨，而有些地区又极度干旱，这种现象往往要持续半年或几个月，完全打乱了原来的自然规律，并且影响范围极广。

科学家们普遍认为，造成厄尔尼诺现象的原因是由于南北半球赤道附近的信风带动海水自东向西流动，形成南北赤道暖流，从而带动了海水温度的上升。海水温度上升，太平洋地区的冷水上翻就会减少或停止，海水温度就会更高。

❖ 海水温度异常

一般认为本区域海水表面温度的平均值高于 0.5℃ 即可认为是厄尔尼诺现象。厄尔尼诺现象的全过程一般持续一年左右，分为发生期、发展期、持续期和衰减期四个阶段。

尽管厄尔尼诺现象气候变化对人类带来诸多危害，但从另一个角度看，它未尝不是对全球气候灾害的预警，能够科学地看待厄尔尼诺现象，了解和认识了厄尔尼诺带给人们的启示，可以帮助人们对气候做好监测。

厄尔尼诺现象每隔 2～7 年发生一次，被看作是影响全球气候最强的信

号。一般在厄尔尼诺现象发生后的第二年，会出现大规模的洪涝灾害，1998年中国南方的特大洪水，就与此有关。如今厄尔尼诺现象在全球更加普遍，进入厄尔尼诺状态后，我国的气候也将发生较大改变。除了气温的变化外，降水也会发生改变，秋季降水将会偏少，内蒙、新疆和东北等地的霜冻日期也会延迟。到了夏季，中东部地区将有大范围降雨，冰雹和雷电也会随着大雨一同光临，很可能造成强降雨灾害，尤其是海河流域和黄河、长江中下游流域的防涝防洪工作更加严峻。就连城市里也不可避免出现内涝情况，所以做好防范工作很重要。

❖ 厄尔尼诺海流

厄尔尼诺发生时给各国造成的灾害不胜枚举，每当厄尔尼诺发生时，成群的鱼类尸体堆积在海岸和岛屿上，腐烂的鱼类污染了大片的海水。依靠鱼类为食的海鸟因为失去食物而飞走，鸟粪来源没有了，许多依赖鸟粪生产的工业纷纷倒闭，工人陷入失业状态。除了这些直接损失以外，厄尔尼诺带来的气候灾难更是令人头疼，世界范围内接

❖ 厄尔尼诺

连发生洪水、旱灾和暴风雪等极端天气状况，这些灾害给人类带来了不可估量的损失。

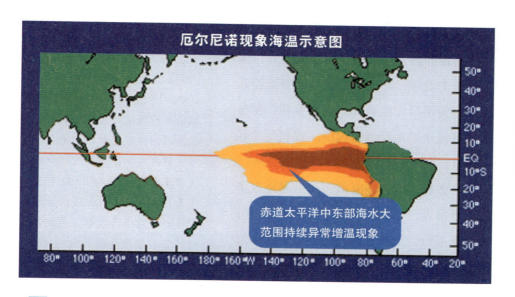

厄尔尼诺现象海温示意图

赤道太平洋中东部海水大范围持续异常增温现象

记录

1982～1983年，通常干旱的赤道东太平洋一反常态，开始大量降水，南美西部夏季更是大降暴雨，南美洲多个国家都遭受了洪水袭击，厄瓜多尔、秘鲁、智利、巴拉圭及阿根廷东北部无一幸免。洪水淹没农田，冲垮堤坝，致使几十万人无家可归。而在美国西海岸，洪水和泥石流巨浪更是以9米多高的高度肆虐，将多条沿海公路淹没。

与之对应的是无边的干旱导致印度尼西亚茂密的森林发生大火，大火无情地吞噬掉很多生命，给当地政府造成了极大的人身和财产损失。就连印度尼西亚的近邻，地处亚洲的马来西亚和新加坡也受到印度尼西亚森林大火的殃及，滚滚浓烟飘散在空中，阻断了马来西亚的空中运输，新加坡更是因此高温不降，气温一度达到35年来的顶峰。仅这一次厄尔尼诺就给全世界的经济造成了大约200亿美元的损失。

起因

厄尔尼诺的起因从1997年3月初现端倪，当时热带地区的海水开始异常增温，到了7月，温度已经超过以往任何时候，到1998年，地球上的气候就开始在厄尔尼诺的影响下紊乱了。

南部非洲发生严重干旱，大量人口面临饥荒的威胁，印度尼西亚和巴布亚新几内亚因为干旱发生森林火灾，智利、秘鲁等国则被暴风雨和冰雪包围。智利受尤其灾严重，全国 13 个大区有 9 个遭受水灾，受灾人数超过 5 万。厄瓜多尔沿海地区更是山洪暴发，通信陷入瘫痪，成千上万的人无家可归。引起这些灾难的就是厄尔尼诺暖流。

总之，厄尔尼诺把一些常规都打乱了，该冷的地方不冷，该热的地方不热，该天晴的地方洪水泛滥，该降雨的地方烈日当空。

中国也发生过同样的反常现象，"重庆、武汉、南昌、南京"四大火炉，常年温度居高不下，受厄尔尼诺现象影响有两个城市温度陷入了"熄火"状态。

历数厄尔尼诺给人们带来的灾难，从 1982 ～ 1983 年之间极为频繁，到 1997 ～ 1998 年，厄尔尼诺现象则达到了 20 世纪以来的最高峰，41 个国家因此遭受到影响，全球损失超过 130 多亿美元，这几次厄尔尼诺现象让人们真正见识到了自然的威力。虽然厄尔尼诺是自然引发的，但是人类破坏环境的行为才是罪魁祸首，未来厄尔尼诺现象会更加频繁。

不懂得爱惜我们生活的环境，总有一天我们会为此付出除了金钱以外的更多、更惨痛的代价，希望人类能更加注意保护我们生存的环境。

❖ 厄尔尼诺

■ Part1 第一章

海洋影响气候

越来越多的科学家致力于对海洋的研究，人们发现，海洋对气候的影响越来越明显。可以说海洋就是气候的调节器。

地球上的气候变化离不开温度和水汽，温度和水是人类存活的条件。地球的热量来源于太阳辐射，换句话说就是太阳给地球带来了温度，不过我们现在感受到的温度可不是太阳直接辐射的温度，而是经过大海调节后的。

❖ 海洋气候

由于海水是透明的，太阳辐射可以传到海水深处，我们知道海水有几千米深，所以大量的热量就被贮存在了深深的海洋水层中，太阳辐射经过这层过滤后，再供应给大气的热量就低了很多，平均 1 立方厘米的海水就能将温度降低 1℃，反之，海水要将贮藏的能量释放出来，数字也是惊人的，如果全球 100 米厚的表层海水降温 1℃，放出的热量就可以使全球大气增温 60℃，想象一下，如果所有海水中的热量都释放出来，那将是一场灭顶之灾，所以说海洋的作用十分重要，它对稳定气候发挥着决定性的作用。

❖ 地球

海洋除了给大气提供合适的热量，还是大气中水汽的主要来源。大气中 84% 的水汽来自海水蒸发，这些水汽进入到大气层，对增加地球上的湿度和改善空气质量都有很明显的作用。

知识小链接

气候对海洋的影响：气温上升会导致海水温度升高，冰川会融化，海平面将会升高，很多陆地和海岛将被淹没。过度吸收二氧化碳会令海水酸化，引起珊瑚白化和珊瑚礁死亡。此外，气候模式的改变会加大海水灾害，尤其是酸化后的海水倒灌，将给内陆河口和入海口生态系统带来灾难。

　　除了保障地球所需的热量和水汽外，海洋还能吸收大气中的二氧化碳，二氧化碳是温室效应的元凶，减少了大气中的二氧化碳含量，就降低了大气的保温作用，抑制了全球变暖状况的发生。

　　综上所述，海洋对地球气候的影响是巨大的，地球上的温度和水汽离不开海洋，说它是地球温度的调节器一点也不过分。

Part1 第一章

大海的传说

小时候我们都听过安徒生笔下海的女儿的故事，作为一个童话故事它给我们幼小的心灵印上了深深的烙印。其实关于大海的传说还有很多。

究竟地球上何时有海洋，海洋又是怎样形成的，除了科学的理论外，很多美丽的传说也为大海赋予了神秘色彩。

爱琴海传说

在远古的克里特岛，有位名叫米诺斯的国王，为了报复杀死他儿子的雅典人，米诺斯要求雅典每9年送7对童男童女到克里特岛，供他喂养迷宫深处的人身牛头怪物"米诺牛"。

雅典国王的儿子忒修斯为了雅典人民不再遭受痛苦，决心杀死这头吃人的怪物。

❖ 爱琴海

临行时忒修斯和父亲爱琴国王约定，如果成功了，在返航时就把船上的黑帆变成白帆。只要帆没有更换，就表示忒修斯牺牲了。

后来因为得到了弥修斯公主的帮助，忒修斯顺利斩杀了怪物并成功从迷宫脱逃。回程中，兴奋的忒修斯忘记了换掉帆的颜色，爱琴国王以为儿子死掉了，就纵身跳入海中，为纪念国王，从此这片海便以国王的名字命名为爱琴海。

海妖起源

海妖塞壬是人首鸟身的怪物，她以天籁般的歌喉，诱使过往的船只触礁，借机捕食落难的船员。

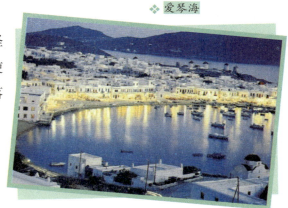
❖ 爱琴海

英雄奥德修斯率领船队经过墨西拿海峡时事先遵循了女神喀耳斯的忠告。为了避免受到海妖歌喉的诱惑，奥德修斯让水手把他捆在桅杆上，并让船上所有人都用蜡堵住耳朵，在善弹竖琴的太阳神阿波罗之子耳甫斯的帮助下，奥德修斯率领船队终于顺利通过了塞壬居住的地方。

传说塞壬原本是位美丽的少女，因未能尽到保护伯尔塞弗涅的职责，被罚变成怪物，成为冥界引渡亡魂的使者。

海神波塞冬

海神波塞冬是宙斯的哥哥，掌管着所有的海域，他性格桀骜不驯，有呼风唤雨之术，经常持着三叉戟坐着金鬃马马车在海里狂奔，掀起无边风浪。

❖ 爱琴海

波塞冬的三叉戟也为人们带来浇灌土地的清泉，使农民五谷丰登，因此波塞冬也被称为丰收神。

中国古代关于海洋的传说

在中国古代也有很多关于海洋的动人传说，相传炎帝有一个宠爱的女儿经常去东海玩耍，后来被淹死了，就化作了一只名叫"精卫"的鸟。精卫痛恨大海夺去了自己的生命，就衔来石子和树枝想把大海填平。人们同情精卫，钦佩精卫，又把它叫作"誓鸟""志鸟"。

知识小链接

地球表面被各大陆地分隔为彼此相通的广大水域称为海洋，其总面积约为 3.6 亿平方千米，约占地球表面积的 71%，地球四个主要的大洋为太平洋、大西洋、印度洋、北冰洋，大部分以陆地和海底地形线为界。目前为止，人类已探索的海底只有 5%，还有 95% 大海的海底是未知的。

❖ 爱琴海

第二章
海洋地貌

　　海洋如同陆地一样有各种各样的地貌特征，我们对海洋的印象大都停留在表面上，究竟海洋是怎么分类的，有什么样的特征，海洋、海峡、海沟都是什么，这还需要通过对海洋的分布和海域的特征来了解。海洋知识远远比我们所了解的要多得多，要细致地了解海洋，先要从了解地球上海洋的分布开始。

陆地、岛屿、半岛的分布

地球上的海洋占全球面积的 3/4，陆地被大片的海水包围，南北半球的海陆分布十分不均，这是怎么回事呢？

地球上的陆地有大陆、半岛和岛屿；海域有大洋、海和海峡。

大陆就是大块的陆地，地球上最大的陆地是欧亚大陆，最小的是澳大利亚陆地，除此之外，还有非洲大陆、南美大陆、北美大陆和南极大陆，共有 6 块陆地。

半岛是三面临水，一面与陆地相连的地貌，通常一半深入水中，兼备水陆两样特点，世界上共有四个半岛：阿拉伯半岛，位于亚洲西南部，是世界上最大的半岛，面积达 300 多万平方千米，相当于中国面积的 1/3；印度半岛，是世界第二大半岛，因为是以德干高原为主体，所以又叫德干半岛，印度半岛东面与孟加拉湾相邻，西面是阿拉伯海，南面到科摩林角，略呈三角形；中南半岛，位于中国和南亚之间，是世

◈ 半岛

界上国家最多的半岛，岛上有越南、老挝、柬埔寨、缅甸、泰国及马来西亚西部等国；拉布拉多半岛，位于北美洲，面积为 140 万平方千米，是北美洲最大的半岛。半岛主要是因为受地质构造断陷作用形成的。

❖ 岛屿

岛屿与半岛十分相似，所不同的是，岛屿的四面完全是环水的，岛屿根据成因可以分为大陆岛、火山岛、珊瑚岛和冲击岛这几种。世界上最大的岛屿是格陵兰岛，面积为 217.5 万平方千米。面积最小岛屿是位于太平洋上的瑙鲁，面积只有 22 平方千米。

岛屿还可以分为大陆型岛屿和海洋型岛屿。两者的区别在于，大陆型岛屿是大陆架上未被海水淹没的陆地，而海洋型岛屿则是指大海底部上升后高于海面的陆地。

❖ 岛屿

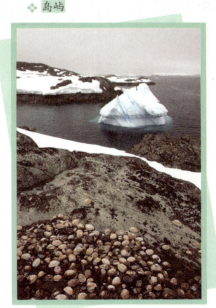

世界上大约有 5 万多个岛屿，很多国家都拥有岛屿，甚至有些国家整个的国土都坐落于岛屿上，这样的国家就被称为岛国，例如著名的旅游胜地马尔代夫。

单独一个小岛叫作岛屿，成片近距离聚集到一起的岛屿就叫作群岛。如南沙群岛和马来群岛，都是散布在浅海地区的岛屿。

群岛根据其形成原因可以分为火山群岛、生物礁群岛和堡垒群岛。世界上大大小小的群岛有很多，面积最大的是位于西太平洋海域的原马来群岛，整个群岛包括2万多个岛屿，除此之外还有北美洲北冰洋海域的加拿大北极群岛和太平洋西部海域的日本列岛，以及菲律宾群岛和西印度群岛等。而面积最小的要数托克劳群岛，整个位于南太平洋萨摩亚群岛北部的群岛由三个珊瑚环礁组成，面积仅有 10 平方千米，十分袖珍。

> **知识小链接**
>
> 岛屿是指四面环水并在高潮时高于水面的自然形成的陆地区域。

中国的群岛也不少，著名的群岛有舟山群岛，这可谓是中国第一大群岛。除此之外还有西沙群岛、南沙群岛、中沙群岛和东沙群岛。

◆ 陆地

在岛屿中还有一些列岛，例如中国的长山列岛和澎湖列岛，其实它们也是群岛，只是因为岛屿的排列形状为弧形或一条直线，所以才有了这样的称呼。

Part2 第二章

海洋的分类

　　海洋有边缘海、陆间海和内海这三种之分，划分的依据是根据海洋所处的位置，究竟这三种海有什么不同呢？

边缘海

❖ 边缘海

　　边缘海位于大陆的边缘，它的一侧是大陆，另一侧是半岛或岛屿，这些岛屿将海与大洋分隔开，既是大陆的边缘，也是海洋的边缘，这样的海属于板块构造上所讲的弧后盆地，中国的东海、黄海和南海都属于边缘海，白令海、鄂霍次克海、日本海、加利福尼亚湾、北海和阿拉伯海等也是边缘海。

陆间海

　　陆间海是位于两块大陆之间的海，周围被大陆包围只通过海峡与大洋相通，因此也被称作"地中海"。

　　陆间海分为内流型陆间海和外流型陆间海两种。外流型是指因海水蒸发盐度较高，外面的海水盐度低于陆间海的海水盐度，当盐度低的海水流入盐

❖ 内海

度高的陆间海的时候，只能从表面流入，而深层流动的则是高盐度的海水。内流型是指当外面流入的海水盐度高于陆间海时，外面高盐度的海水在海水底层流入，低盐度的海水从表面流出。

内海

内海是指深入大陆内部的海，这样的海一般面积都不大，只通过狭窄的水道或是边缘海与大洋相通，它的水文特征受陆地影响比较大。

一个国家的内海从政治上讲是一个国家领土的一部分，不容侵犯，他国船只必须遵守该国规则才可以进入内海。我国的山东半岛和辽东半岛之间的渤海就是中国的内海。

Part2 第二章

海洋咽喉和海中走廊

海峡是沟通大洋与陆地或大洋与大洋之间的交通要道，虽然狭窄但很重要，如同一个国家的咽喉，一直都是各国争夺的目标。而海湾通常都布满港口，用来进行货运贸易往来，对于一个国家的经济来说也同样重要。

海洋咽喉——海湾

海湾的三面都是陆地，只有一面是海洋，通常呈圆弧形或"U"形。一般划分海湾依据的是，将湾口附近两个对应海角的连线作为海湾最外部的边缘，这个边缘就是划分海湾与海的分界线。通常海湾的面积都比海峡大。世界上的海湾有很多个，面积在100万平方千米以上的就有5个，它们分别是：位于印度洋的东北部的孟加拉湾，位于大西洋西部美国南部的墨西哥湾，位于非洲中部西岸的几内亚湾，位于太平洋北部的阿拉斯加湾，还有位于加拿大东北部的哈德逊湾。

❖ 海湾

海湾风浪很小，泥沙沉积较多，水面相对比较平静，通常海湾里的渔业资源都很丰富，所以人类常常把海湾作为自己开采的目标。同时海湾的风光迷人，常常是人们旅游的好选择。

海湾形成的原因有几种：第一是由于陆地上深入海中的比较软弱的岩石受到海水侵蚀后发生凹进，这样就出现了海湾；第二种是陆地上的泥沙沉积在海里，一部分海域被这些泥沙掩盖住就形成了海湾；第三种是海水进入陆地上凹凸不平的地质后，凹进的地方就成了海湾。

知识小链接

世界最长的海峡莫桑比克海峡长达 1670 千米。

世界最深、最宽的海峡，两个之最集于一身的德雷克海峡水深 5248 米，宽达 9704 米。

最繁忙的海峡英吉利海峡，每天航行船只多达 5000 艘左右。

海上走廊——海峡

海峡是连接两片相邻海域之间的狭长水道，被夹在两块大陆之间，由于本身十分狭窄，所以水流比较湍急，海水很深，还有很多旋涡。因为是连接两片相邻海域的必经之路，所以海峡的作用十分重要，它是国家航运、贸易和交通的枢纽，所以有"黄金水道"之称。全世界宜于航行的海峡有 130 多个，其中有 40 多个海峡每天过往的船只超过万艘，十分繁忙。全世界 1000 多个海峡中真正被充分利用的并不多，有很多海峡至今还没有被人们很好地利用。

海峡是怎样形成的呢？同样和海水的腐蚀有关，有些地峡的裂缝被海水腐蚀后，就形成了狭长的海峡，还有的是由于下沉陆地的低凹处被海水淹没，也就成了海峡。

与海湾不同，因为海峡里常常具有两个不同海域里的水体，因此常常产生水文差异，此外，海峡里的盐度和温度等也都不稳定。因为这些原因，有些海峡虽然也被利用航行，可环境却比较凶险。

❖ 海峡

Part2 第二章

大陆边的浅海——大陆架

大陆架是被海水覆盖的大陆，既可以说是陆地的一部分，也可以说是靠近大陆的浅海地带。

大陆架的形成

大陆架是陆地的一部分，大陆架的地貌和陆地是一样的，冰川时代，海水下降，陆地浮出水面，到了间冰时代，海水淹没了大陆架，这里便成了浅海。大陆架的形成有两种原因：地壳运动中陆地下沉，海水覆盖了陆地，就成了大陆架；或者是海浪冲刷腐蚀了陆地，使陆地被淹没在水下。

知识小链接

大陆架有很多海洋植物和动物，这些海森林和藻类可以加工成各种食品，有些还可以提炼药品和工业原料，就连大陆架上的泥炭层里黑色或灰黑色的泥炭也可以作为燃料。除此之外，大陆架由于能得到陆地上的营养物质供应，还盛产鱼虾。全世界的海洋渔场差不多都位于大陆架海区。

我国的大陆架

我国海洋资源较为丰富，大陆架宽广，黄海和渤海全部位于大陆架上，不仅每年能够依靠渔业捕捞创造可观的经济价值，蕴藏的石油储量更是惊人。

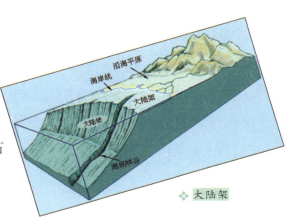

❖ 大陆架

Part2 第二章

海中地貌

大陆坡是大陆架与深海之间的斜坡，大陆架是陆地的一部分，大洋底才算真的海底，大陆坡就是连接这两者之间的桥梁。如果把大海比作一个脸盆，那么大陆架是盆沿，大洋底是盆底，大陆坡就是盆壁。

大陆坡的形成

大陆坡就是中生代以来连接的大陆裂开形成的地块的边壁，在地壳运动中，大陆裂开，形成狭窄的幼年海洋。此后经过海底扩张、大陆漂移和大陆边缘下沉的过程，大陆坡才进一步形成。因此大陆坡是陆地地形和海洋地形的分界线。

❖ 大陆坡

大陆坡的种类

大陆坡根据地形特点一般分为两种：一种大陆坡坡度表现为坡度均一，地形也很简单，例如巴伦支海等地的大陆坡；另一种大陆坡坡面上如同台阶，坡面凹凸不平，地形复杂，常与一些封闭的平底凹地交替分布，主要分布在太平洋，例如南海大陆坡。

洋中脊

洋中脊被看作是海洋的脊梁，和人的脊梁、船的龙骨一样重要，决定着大海的成长。

什么是洋中脊

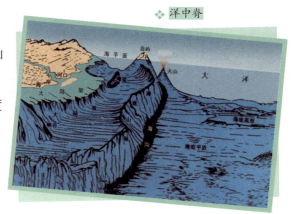

❖ 洋中脊

洋中脊其实就是海底的山脉，又称中央海岭、洋隆等。它纵贯太平洋、大西洋、印度洋和北冰洋，宽 1500～2000 千米，总长约 6.4 万千米，是地球上最大规模的山脉，由于其海拔很高，常常会露出海面，这些露出洋面的部分就成了岛屿，例如冰岛、复活节岛就是洋中脊的一部分。

洋中脊的形成

地球自转中，地壳物质受到挤压，被挤压的玄武岩较脆，脆性物体弯曲达到一定程度时，弯曲的部位就会裂开。在自东向西的挤压力作用下，发生南北向的隆起，形成大西洋中脊。

也有说它是海底扩张作用的结果，脊轴是海底扩张的中心，在扩张中软流层顶部物质向两侧推移，逐渐冷却转化为岩石圈，岩石圈距离顶部越来越远、越来越厚，并逐渐沉积在最下面，就形成了中轴高、两侧低的海底山系，这就是洋中脊。

> **知识小链接**
>
> 洋中脊的发现过程：1850 年，这一理论首先由马修·方丹·莫里提出。1872 年，"挑战者"号上的科学家查尔斯·怀韦尔·汤姆生发现大西洋中央海底有突起现象。1925 年，声呐证明了洋中脊的存在。

❖ 洋中脊

洋中脊得名原因

1873 年，"挑战者"号船上的科学家发现从大西洋上获得的海洋调查结果显示，大西洋中部水深比大西洋两侧的水深要浅得多，这一出人意料的发现，引起了他们的注意并将这一发现记录了下来。

❖ 洋中脊

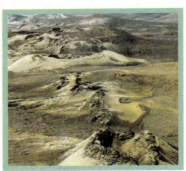

1925～1927 年间，德国"流星"号调查船再次对大西洋进行了详细的测量，利用回声测深仪绘制出一张海图，证实在大西洋中部确实有一条南北纵贯的山脉。

这一发现引起了巨大反响，人们纷纷为此震惊，许多科学家也投入到这项调查中，并不断为此项研究做着补充，丰富人们对它的认识。因为这条山脉像一道脊梁静立在大西洋底，所以取名为"洋中脊"。

Part2 第二章

海中危机——火山

海底有大量的火山，地球上大约 80% 的火山都在海底，这些火山一旦喷发起来，危害程度并不比陆地上的火山小多少。

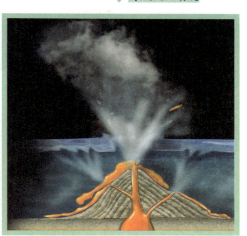

❖ 海底火山喷发

海底火山也会喷发吗

海底火山喷发的场景，我们似乎只在灾难片里见过，那么海底的火山究竟会不会喷发呢？事实上由于海底很深，所以火山喷发后海面并不马上显现出来，等到快到海面的时候，火山灰和火山岩才会喷发出来。

如何辨别海底火山将要喷发

陆地上的火山爆发之前在火山一侧会产生一个明显的圆丘预兆，同样海里火山爆发之前也是有先兆的。当海里开始冒起奇怪的轻烟的时候，就有可能是海底的火山要爆发了，这时候海水的温度会升高，海水的颜色也会变成深褐色，行驶在海上的船只要格外注意了，不过通常海底火山

知识小链接

危险而高温的海底火山附近，通常都不是生物生存的好场所，但是科学家们却发现，在火山口附近存在着一些耐热的菌类，不但如此，在超高温的海水中还生活着雪蟹、鳞脚蜗牛和海参等生物，十分不可思议，科学家认为不排除这是一些新物种的可能。

❖ 海底火山喷发

❖ 海底火山喷发

爆发的时候，人们是很难防范的，所以常常给人们造成比陆地上火山爆发更大的灾难。

除了海底的火山让海面不平静外，海里岛弧地壳的不稳定也会导致火山和地震。

岛弧是排列成弧形的群岛或岛屿，它们一面与陆地地壳连接，又分布在大洋边缘，临近深深的海沟，因此地壳很不稳定，是火山和地震较集中的地方。

Part2 第二章

曲折的海岸

　　蜿蜒曲折的海岸常常映入我们的眼帘，在陆地和海洋之间构成一条交界线。介于海洋的潮湿和陆地的干燥中的这块"潮间带"成为许多海洋生物聚居的乐园。

雄伟壮丽的基岩海岸

　　轮廓分明的基岩海岸，以坚硬的岩石组成，线条强劲，充满阳刚之美。由于基岩海岸多由花岗岩、石灰岩和石英岩等形成，岩石受到海水的不断腐蚀，所以基岩海岸上经常出现没有被海水腐蚀掉的岬角。岬角呈夹角状伸向海里，与海湾相间分布，造成岸线的曲折。

　　在我国有很多基岩海岸，山东半岛、辽东半岛和浙江、福建、广州等省都有分布，每当巨浪拍击在基岩峭壁上的时候，海浪冲天，水花四溅，发出巨大的响声，十分壮观。著名的青岛石老人景区，就是基岩海岸的点睛之笔。

❖ 基岩海岸

五彩缤纷的卵石海岸

夏日的海滩边，常常聚集着许多游人，散落在海滩上的各色卵石被人争相采撷。色彩鲜艳的鹅卵石来自于山洪和海水的溶解和冲刷，在日复一日的洗礼中，这些石头被磨去棱角打磨光滑，成堆地堆积起来，就形成了卵石海岸。我国的卵石海岸分布较多，辽东半岛和山东半岛都有这种海岸。在台湾南端的鹅銮鼻一带还可见到崖壁上崩落的巨大块石和略被磨圆的巨砾。

恐怖的骷髅海岸

与卵石海岸的光彩夺目比起来，骷髅海岸就比较恐怖了，不过不用担心，这里不是真的有骷髅，而是一片白色的沙漠。这片沙漠位于非洲纳米比亚，近邻的是大西洋，海岸绵延至纳米比亚沙漠里，终年都难得下雨，500千米长的海岸受到烈日的炙烤，显得苍白而荒凉，却又异常美丽。

知识小链接

"骷髅海岸"这个名字与一起飞机失事有关。1933年，一位名叫诺尔的瑞士飞行员从开普敦飞往伦敦时在此坠机。有人认为诺尔的遗骸一定会在这个海岸找到，骷髅海岸由此得名。虽然至今诺尔的骸骨还没有找到，但这个海岸的名字却保留了下来。

❖ 骷髅海岸

Part2 第二章

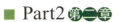

海中竖井——蓝洞

海里有许多深沟浅壑、"丛林"山地，只要是陆地上有的地貌，海洋里都有，当然也少不了洞穴。

伯利兹蓝洞

闻名遐迩的潜水胜地伯利兹蓝洞就是其中之一。追溯蓝洞形成的原因，大约是在两百万年前的冰河时代由于冰川大量产生，使得海平面大幅下降，受到海水的腐蚀，许多石灰地质的岩石出现了岩溶空洞，奇异得像一个塌陷的竖井，当冰川融化后，海平面重新上升，海水倒灌到竖井里，于是竖井的井口就呈现出了深邃的蓝色，便有了蓝洞奇观。

塞班岛蓝洞

去过塞班岛的人都会去参观塞班岛的蓝洞，因为这里除了是潜水胜地外还有同其他蓝洞的不同之处，塞班岛的蓝洞因为石灰岩构造受到海水侵蚀，洞内有三处与外海连接的水道，这三条水道为蓝洞带来了可以穿透水道的光线，蓝色的水面在光线的照耀下，闪耀着耀眼的光泽，既神奇又美丽。

❖ 塞班岛蓝洞

卡普里岛蓝洞

　　在意大利的卡普里岛也有蓝洞，这个蓝洞的洞口在山崖的下面，被誉为世界七大奇景之一。由于洞口很小，只能划着小船进去，洞内结构特殊，可以照进阳光，阳光一面照耀着蓝色的水面，一面又被水面反射回来，光线交汇照得呈现亮晶晶的蓝色，似乎到了外太空的神秘世界一样，让人流连忘返，洞内的岩石在水波的荡漾下也显现出了美丽的蓝色，成为名副其实的"蓝洞"。

知识小链接

　　蓝洞分为陆地和海洋两种，陆地蓝洞中的水质最上面的淡水层可以饮用，第二层硫化氢层会腐蚀人的肌肤；第三层无氧层里保存有很多完好的甲壳骨骼，可用于古生物学研究。海洋蓝洞是海面下的"深洞"。颜色深邃幽蓝，有数十米深，呈昏暗状态且严重缺氧，没有海洋生命存在。洞底部有许多远古化石残骸。

Part2 第二章

出现裂缝的**大西洋**

大西洋是世界第二大洋，也是最年轻的大洋，距今只有一亿年。它的面积是太平洋面积的一半，目前正在不断扩张，把两岸裂开，或许不久以后它的宽度会赶上第一大洋——太平洋。

大西洋名称的由来

大西洋原名"西方大洋"，来源于古希腊史诗《奥德赛》中那位了解世界上任何海洋深度的大力神阿特拉斯。传说这位大力神就住在大西洋里。1650 年，荷兰地理学家波恩蛤德·瓦雷尼正式将"阿特拉斯洋"作为大西洋的名字，明朝后经传教士翻译成汉文，就成了至今一直沿用的"大西洋"一名。在明代，习惯上以雷州半岛至加里曼丹岛一线为东西洋分界，界线以西

❖ **大西洋**

叫"西洋"，以东为"东洋"，这就是为什么过去中国人把欧洲人称为"西洋人"，而把日本人称"东洋人"的原因。对于如何翻译大西洋一词，最初翻译家颇感为难，最后便依照这一习惯译成了"大西洋"。

大西洋是一个"瘦长"的海洋

大西洋位于欧洲、非洲与南、北美洲和南极洲之间，自北至南全长约 1.6 万千米，轮廓略呈"S"形，东西狭窄，最狭窄的赤道区域仅有 2400 多千米的距离，因此可以说大西洋的整体形状是瘦长的。

❖ 大西洋

大西洋航运极其发达

大西洋连接着世界上贸易最繁荣的美国和西欧地区，航运极其发达。大西洋两岸海港密布，全世界海洋货物周转量的 2/3 都出自这里。它的海港总数占世界海港总量的 3/4，从欧洲到美洲、从欧洲到西亚最繁忙的几条航线都在大西洋上。

大西洋西面通过巴拿马运河与太平洋相连，东面穿过直布罗陀海峡，经过地中海，通过印度北面连接北冰洋，南面与南极海域相接，可谓四通八达，其便利程度自不必说。可以说大西洋是四大洋中最忙碌的大洋，它是世界环球航运体系中不可或缺的环节和枢纽。

知识小链接

大西洋里有丰富的矿产资源和水产资源。矿产资源主要有石油、天然气、煤、铁以及重砂矿等。水产资源更是品种多样，有鲱鱼、鳕鱼、沙丁鱼、鲭鱼和毛鳞鱼等，还有牡蛎、贻贝、鳌虾、蟹类和各种藻类等。靠近南极大陆附近还产鲸鱼、海豹和磷虾，海兽捕获量也很大。

■ Part2 第二章

印度洋名字的由来

印度洋是世界第三大洋，位于亚洲、大洋洲、非洲和南极洲之间。在中国的古代就已经有过航海到印度洋的经历。

印度洋名称的由来

印度洋在古代并不叫印度洋，最早在古希腊地理学家希罗多德所著的《历史》一书中被称为"厄立特里亚海"，意思是红海。

明朝的时候郑和曾经七次下西洋，到达的"西洋"不是大西洋，而是现在的印度洋。

印度洋这个名字到了公元 1 世纪后期才首次被罗马地理学家彭波尼乌斯·梅拉使用。

❖ 印度洋

1497 年，葡萄牙航海家达·伽马为了寻找印度而航海至此，将沿途所经过的洋面统称为印度洋。

1515 年印度洋这一名字出现在中欧地图学家舍纳尔编绘的地图上，他将这片大洋标注为"东方的印度洋"，这里的"东方"是相对于大西洋的西方而言的东方，并不是真正意义上的东方。

到了 1570 年的时候，奥尔太利乌斯编绘的世界地图集中，正式将其命名为"印度洋"。以后"印度洋"就成了人们通用的称呼。

热带的洋

之所以说印度洋是热带的洋是因为印度洋的主体位于赤道、热带和亚热带范围内，故此得名。

❖ 印度洋大海啸

Part2 第二章

千里冰原——北冰洋

世界上的事物都是相对的，有热的就有冷的，有热带的印度洋，也有寒冷冰封的北冰洋。北冰洋，是世界上最小、最浅和最冷的大洋，也是七大洋里最小的海洋。

北冰洋名称的由来

"北冰洋"的意思是正对着大熊星座的海洋，这一名字源于希腊语。北冰洋地处地球的最北端，气候严寒，常年被冰层覆盖，是一个冰雪的世界。因此1845年，伦敦地理学会正式将它命名为北冰洋。

千里冰封的北冰洋

北冰洋是当之无愧的冰的海洋，它大致以北极圈为中心，大部分洋面常年被冰层覆盖，其余海面上则漂浮着冰山和浮冰。最冷的时候，月平均气温可到零下20～40℃，就算在气温最高的8月，平均气温也只有零下8℃，而且这里有半年是只有黑夜没有白天的极夜，另外半年又是极昼，即只有白天没有黑夜。

这样的环境可以算是几大洋里比较特

知识小链接

因纽特人属蒙古人种北极类型，居住在格陵兰、美国、加拿大和俄罗斯。他们有自己的信仰——萨满教，也有部分人信基督教新教和天主教；使用拉丁字母和斯拉夫字母拼写的文字。他们以捕猎为生，以肉为食物，用动物的毛皮缝制衣服，用油脂照明和煮饭，过着简单的原始生活。因纽特是个坚忍不拔的民族。

❖ 北冰洋

殊的一个了。

🔷 北冰洋上的生命

这样的环境里会有生命存在吗？当然有了，否则圣诞老人从哪里来呢？因纽特人比圣诞老人更能适应这里冰雪覆盖的环境，他们世代居住在北极地区，是离极光最近的人。这些被外界称为因纽特人的居民是北极地区的土著民族，他们以捕鱼和驯鹿为生，过着一种世外桃源般的生活。

❖ 北冰洋

"放牧"——南大洋

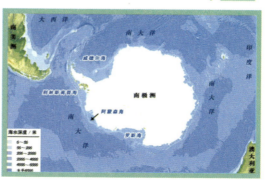

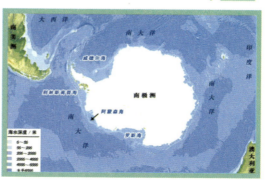

南冰洋与北冰洋分处地球的两极，气候却并不完全相似，南冰洋又叫南大洋，是世界上唯一一个没有被大陆分割开的大洋。

南大洋的重要地位

南大洋是环绕南极大陆，北边无陆界的独特水域，对全球气候有举足轻重的作用。南大洋的海流是巨大的南极绕极流，宽阔、深厚而强劲，其深厚可达从海面到海底的整个水层，堪称世界海洋中最强的海流。

另外南极陆架水是一种致密的冷水，高密度的冷水呈扇子面状展开向北流入三大洋的洋盆，影响面可触及到大西洋的北纬40°和太平洋的北纬50°，对各大洋的总热量起着至关重要的作用。

鲸的世界

南大洋生物资源丰富，尤其盛产磷虾，磷虾是须鲸的主要食物，因此南大洋也是须鲸的聚集地。此外生活在南大洋的鲸类还有蓝鲸、长须鲸、黑板须鲸、巨臂须鲸、缟臂须鲸和南方露脊鲸等，目前南大洋中鲸的现存量已

❖ 南大洋

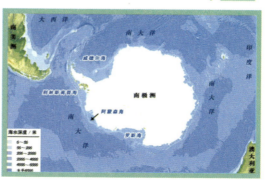

❖ 鲸

达到 100 万头，居世界各大洋之首。每当夏季来临，南半球的鲸鱼纷纷来此，这里因此也成为各类鲸鱼的世界。

南大洋的美景

　　南大洋终年酷寒，有许多造型各异的冰山，还有令人叹为观止的大冰川，高耸入云的冰川缝隙里透出蓝色的天空，那种情景令人震撼，白茫茫的冰原上，太阳光被反射出去，与周围的冰山交相辉映，十分壮观。偶尔还会出现几只企鹅和海豹，一动一静与白茫茫的冰原相映成趣。

知识小链接

　　不要以为冰天雪地的南极就没有多少生物存在，事实上这里大概生长着 340 余种植物，虽然大多都是地衣和苔藓，但是也不乏有伞状菌、龙牙草这样的植物，甚至还有两种显花植物。生活在这里的动物也有很多，无脊椎类的有 387 种，企鹅有 21 种，海豹有 6 种，也有天信鸟和信天翁等鸟类。

Part2 第二章

海上咽喉——直布罗陀海峡

直布罗陀海峡就像一条海上的咽喉，贯通着地中海与大西洋的海域，每天千百艘船忙碌于此，西欧的海上运输都要通过它来完成。

直布罗陀海峡位于西班牙最南部和非洲西北部之间，全长 58 千米，最窄处只有 13 千米。

❖ 直布罗陀海峡

名称的由来

公元 711 年，摩尔人首领塔里克·伊本·扎伊德以少胜多战胜了西班牙人后，在登陆处修建了一座以自己的名字"直布尔·塔里克"命名的城堡，在阿拉伯语中"直布尔·塔里克"意为"塔里克山"，英文译名为"直布罗陀"，海峡就因东北侧的这座直布罗陀城堡而得名。

西方的"生命线"

轮船从大西洋驶往地中海，经过直布罗陀海峡时，永远是顺水航行，这是因为直布罗陀海峡表层的海水始终是从西向东

知识小链接

直布罗陀海峡属于地中海气候，夏季降雨很少，气温干燥，冬季气候温和，雨水较多，到了春秋季风暴很多。春季雾多，大雾笼罩在整个海峡时，能见度很低，会影响船舶航行。由于当地淡水资源有限，人们积极兴建蓄水设施，并不断填海，来应付对土地的需求。

流，同样，潜水艇从地中海海底进入大西洋也是顺水。这一特点很利于航行，最早大西洋航海家们和地中海沿岸国家的探险船队就曾经通过这道海峡，频繁地进入大西洋，完成他们的航海之旅。

21世纪初，直布罗陀海峡已成为西欧、北欧各国通往印度洋、太平洋的捷径，作为沟通地中海和大西洋的唯一通道，直布罗陀海峡被誉为西方的"生命线"。

❖ 直布罗陀海峡

重要的战略要道

由于直布罗陀海峡的重要地理位置，使得这里历来就是军事重地，西班牙罗塔海军基地建在这里，而且这里还是美国地中海舰队的根据地。俄罗斯黑海舰队出入大西洋也必须经过这里。

❖ 直布罗陀海峡

Part2 第二章

香料之路——马六甲海峡

位于马来半岛与苏门答腊岛之间的马六甲海峡，是连接太平洋与印度洋的重要通道。全长1185千米，十分狭长，因经常运送香料而成为著名的"香料之路"。

名称的由来

在马来半岛南岸有一个小渔村，从15世纪中期开始兴起，成为马六甲城，到16世纪初，马六甲城已颇有盛名，不亚于当时的地中海名城亚历山大和水城威尼斯。马六甲海峡，就是因马六甲古城而得名的。

❖ 马六甲海峡

无尽的海洋世界

海上丝绸之路

公元 4 世纪时，阿拉伯人从印度洋经过马六甲海峡到中国和印度尼西亚，把中国的丝绸、瓷器和印度尼西亚马鲁古群岛的香料运送到欧洲国家。公元 7 世纪～ 15 世纪，马六甲海峡成为中国、印度和阿拉伯国家海洋贸易的重要通道。

1869 年，苏伊士运河贯通后，马六甲海峡的航运急剧增加，每年有多达 10 万艘轮船经过这里，马六甲海峡成为世界上又一个繁忙的海峡。

1000 年后的马六甲海峡

马六甲海峡非常狭窄，地质平坦，多为泥沙质，有很多沙滩和沙洲，水深低于 23 米的就有 37 处，由于海峡水流很缓慢，又少有风浪，所以泥沙不容易被水流带走，都沉积在了水中，每年淤积的泥沙都会将海岸线向海内推进 60 ～ 500 米。按照这样的速度推算，再过 1000 年，很可能这

❖ 马六甲海峡

条海峡会被泥沙变为陆地，到那时马六甲海峡将不复存在。所以目前如何疏通航道，治理泥沙沉积是一项不容忽视的艰巨任务。

Part2 第二章

太平洋海底有什么

太平洋是地球上最大的海洋，表面平静的海水下却暗藏着高山、沟壑、丘陵和平原。神奇的海底世界究竟是怎样的，是否和陆地上一样呢？

在 2000多万年以前，地球上已经形成了高山、森林，可以说陆地上有的海洋里都有。

在太平洋底有一条著名的马里亚纳海沟，总长度达10,000多米，好像一条巨大的分界线将太平洋底分成了东西两半。此外，太平洋底还有很多海底山。在马里亚纳海沟以西就有许多零散的海底山。虽然零星但是并不小，有些被海水掩盖，深藏于海下，有些高耸出海面成为岛屿。著名的旅游胜地夏威夷群岛中有些岛屿就是海底山的山峰，这

❖ 马里亚纳海沟

些山峰的高度最高达9270米，比珠穆朗玛峰还高。

除此之外在大洋中脊与大陆边缘之间还存在着许多盆地，这些盆地大约占海洋总面积的45%。这些盆地又被海岭分割成若干轴状洼地，水深在4000～5000

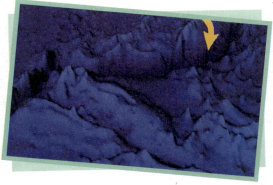

❖ 马里亚纳海沟

无尽的海洋世界

❖ 马里亚纳海沟

米左右的叫作海盆；长条状，比较宽的海底洼地叫海槽。除此之外，在海盆底部还有深海平原和深海丘陵。

太平洋是世界上最大的海洋，平均深度为 3939.5 米。在这样一片广阔的深海里，哪里才是它的最深处呢？

太平洋的最深处并不在海中央，而是在海两侧的大陆架中。海沟和岛弧都处在

大陆架上，这里是地球表面起伏最剧烈的地带，地形高度可以相差到 15,000 米。岛弧外侧的海沟超过 10,000 米的就有 4 个。

知识小链接

1988 年，中国科学家与德国科学家在联合考察马里亚纳海沟时发现，水下 3700 米左右的海底热泉的出口处沉淀堆积了许多化学物质，经过对采集岩石样品的分析发现，这些物质就是海底热泉活动的残留物，叫作烟囱。

在活动热泉附近，还发现了许多人类未知的生物物种。至于这些生物究竟是什么，还有待进一步研究。

Part2 第二章

大西洋底的山脉

大西洋是世界第二大洋，虽然同为大洋却有很多不同，它的洋底地貌更为复杂。在大西洋底最引人注目的是大洋中部一条巨大的海底山脉。

这条巨大的海底山脉叫作大西洋海岭。它跟大西洋表面的走势相同，全长 15,000 千米，略呈"S"形，宽度是大西洋总宽度的 1/3，有 1500～2000 千米宽。海岭的高度从 200～4000 米高低不等，最高处甚至能露出海面成为岛屿，如冰岛、亚速尔群岛、阿森松岛和布维岛等就是海岭露出海面而成的。

❖ 大西洋海岭

除了有高山，大西洋底还有深沟。沿着大西洋海岭的脊部有地壳裂开的一条巨大的缝隙，这条裂缝长 1000 多米，宽 30～40 千米，深 2000 米，非常陡峭。

大西洋海岭上有许多这样的横向断裂带，这些断裂带形成狭窄的线状槽沟将海岭切断。最著名的断裂带是位于赤道附近的罗曼希断裂带，它是大洋底流的流经通道，深 7864 米，长 350 千米。

大西洋海岭和海底高地的存在把大西洋海底分割成了东侧和西侧一系列的深海海盆，这些海盆分布在大西洋的东西南北各个方向，东侧的海盆有西欧海盆、加那利海盆、佛得角海盆和伊比利亚海盆等；西侧的海盆主要有北美海

❖ 大西洋海岭

盆、巴西海盆和阿根廷海盆；还有印度洋海盆，位于大西洋南部，这些海盆都很深，大约有 5000 米深，宽阔平坦的海盆里又横亘着海岭和山脉。这些海盆的面积大概占据了大西洋底总面积的 1/3。

大陆架面积辽阔是大西洋海底地形的另一特点。大西洋大陆架占大西洋总面积的 8.69%，约 620 万平方千米，面积远远大于太平洋和印度洋，仅小于北冰洋大陆架面积。

大西洋大陆架的宽度从几十千米到 1000 多千米不等，有很多地区的大陆架都不超过 50 米，如几内亚湾沿岸、巴西高原东段、伊比利亚半岛西侧的大陆架等都属于狭窄的大陆架，而在不列颠群岛周围的大陆架。宽度就超过了 1000 千米，整个北海地区和南美南部巴塔哥尼亚高原以东的大陆架，都属于这种宽度。

> **知识小链接**
>
> 大洋中脊在科学上有着很重大的意义，它的发现使得整个地球科学发生了革命性的变化，人类对地球的认识也向前迈出了一大步。

大西洋复杂的地形还表现在大陆坡上，大陆坡有的狭窄陡峭，有的坡度较缓。分布在欧洲和非洲的大陆架就是狭窄陡峭的，而分布在美洲的则比较宽。一些大陆隆起分布在海底大陆坡和深海盆之间，使得大西洋海底的地貌更加复杂，此外有些入河口还有绵延百平方米的冲击堆。地形的变化可谓十分多样。大西洋的平均深度为 3627 米，最深处有 8648 米，位于安的列斯岛弧北侧的波多黎各海沟。

■ Part2 第二章

印度洋的地形

印度洋的平均深度为 3839.9 米，深度仅次于太平洋，位于亚洲、大洋洲、非洲和南极洲四大洲之间。

在印度洋海底有一条"入"字形的中央海岭。这条海岭由三条海岭交汇而成，北部的分支是中印度海岭，另外两条海岭分别是西印度海岭和南极 - 澳大利亚海丘。

中印度海岭有许多高出海面的山峰，这些山峰比两侧的海盆高出 1300～2500 米，形成了罗德里格斯岛、阿姆斯特丹岛等岛屿。

西印度海岭位于中央海岭的西南，在阿姆斯特丹附近与中印度海岭相连，这条海岭过了爱德华群岛后的部分，因为与大西洋海岭南端相连，就被称为大西洋 - 印度洋海丘。

❖ 印度洋

南极 - 澳大利亚海丘也是在阿姆斯特丹岛附近和中印度海岭连接上的，它位于中央海岭的东南边。

中央海岭其实并不是一个整体的海岭，而是由许多与中脊轴平行的岭脊组成的，这些山岭宽窄不同，崎岖不平，最宽的有 1500 千米宽，其中还分布着很多横向断裂带。

由于印度洋海底的这条"入"字形的中央海岭，印度洋被分成了东、西、南三大块。这三大块海域又被海盆、海岭再划分，例如东部的海域就被东印度海岭分成了三个面积广阔、海水很深的海盆，分别是中印度洋海盆、西澳大利亚海盆和南澳大利亚海盆。西面的海域地貌比东边更为复杂，是三块海域中地貌最复杂的一个，这里被海岭、岛屿分割出来一系列面积较小、海水较浅的海盆，有索马里海盆、马斯克林海盆等。南部的地貌最简单，只有三个海盆，这些海盆的深度大约在 4500～5000 米，分别是克罗泽海盆、大西洋 - 印度洋海盆和南极 - 东印度洋海盆。

印度洋的大陆架在四大洋中面积最小，只有印度洋总面积的 4.1%。这些大陆架中只有波斯湾、马六甲海峡、澳大利亚北部、马来半岛西部和印度半岛西部边缘等几个为数不多的地方比较宽阔，其他大部分都很狭窄。虽然印度洋的大陆架不宽阔，但是地形并不因此比其他大洋简单，恒河和印度河入海口附近有一些海水下冲积锥，在非洲沿岸的厄加勒斯海台、莫桑比克海台和查戈斯拉克代夫海台等地有一些大陆隆起。

此外，印度洋底还有一个由印度 - 澳大利亚板块向欧亚板块俯冲形成的岛弧海沟带，其中最深的一条海沟是爪哇海沟，这条海沟长 4500 千米，深达 7450 米，是印度洋里最深的海沟，也是印度洋里最深的地方。

❖ 印度洋

第三章
海洋之最

海底世界浩瀚而神奇，至今仍然有许多我们未知的秘密，在已知的海底世界中，也有很多生物、植物等。无论是"世界第一大海湾"还是"游泳健将"，都与人类的生活密不可分，这些海洋之最汇成了海中一道令人惊奇的风景线，等待人们来欣赏。

Part3 第三章

美丽的**珊瑚海**

珊瑚是海里特有的美丽生物，我们经常会见到各种各样的珊瑚工艺品，它们形态各异，惹人喜爱，有些更是价值不菲。那么这些珊瑚究竟产自何处呢？

在澳大利亚大陆的西面有一片东北面被新赫布里群岛、新几内亚、所罗门群岛所包围的海域，它是南太平洋的属海，南面连着塔斯曼海，面积有半个中国那么大，它的名字叫珊瑚海。

珊瑚海水质几乎没有被污染，海水清澈透明，光线充足，很适合各类珊瑚虫生存。整个珊瑚海几乎没有河流注入，海水的盐度始终保持在珊瑚虫适宜的27%～38%之间，因此这里无论是大陆架还是浅海滩，都有大量的珊瑚虫再次繁殖，久而久之就形成了

❖ 珊瑚海

许多姿态各异的珊瑚礁，当海水退潮的时候，这些珊瑚礁就会露出海面，成为一道绚丽的风景，珊瑚海因此得名。

珊瑚海的美景

珊瑚海的水色呈深蓝色，色彩斑斓的珊瑚礁在深蓝色海水的映衬下如同一幅幅绮丽壮美的图画。

大堡礁

大堡礁位于澳大利亚的昆士兰州以东，巴布亚湾与南回归线之间的热带海域，太平洋珊瑚海西部。是著名的旅游景点，五彩绚烂的珊瑚礁绵延 2400 千米，覆盖面积达到约 344,400 平方千米，是世界上最大、最长的珊瑚礁群。这里阳光充足，空气清新，海水洁净，生活着 1500 种鱼类、4000 余种软体动物和 242 种鸟类，还是濒临灭绝的珍稀动物人鱼和巨型绿龟的栖息地，得天独厚的自然条件，让它名列世界七大自然景观之一。

珊瑚海适宜生物生存的原因

之所以有这么多生物生活在这里，就是因为珊瑚海没有被污染，海水十分洁净，这里的水温常年在 18～28℃间，利于珊瑚虫生长。

众多的珊瑚礁又为海洋动植物提供了优越的生活和栖息条件，所以这里成了海洋生物生存的乐园。

知识小链接

珊瑚具有石灰质、角质或革质的内骨骼或外骨骼。群体珊瑚很容易繁殖，也很容易老去，死去的珊瑚留下的骨骼就形成了珊瑚礁，一块珊瑚往往由成千上万个珊瑚虫组成。它们在海水里五颜六色，光彩夺目，好像棵棵植物，不但造型美观，可做装饰品，是和琥珀、珍珠一样的有机宝石，还具有较高的药用价值。在中国，珊瑚还象征着吉祥、富有。

❖ 珊瑚海

Part3 第三章

危险的航线——德雷克海峡

德雷克海峡位于南美南端与南设得兰群岛之间，全长 300 千米，宽 900～950 千米，是世界上最宽的海峡，它的平均水深达到 3400 米，最深处有 5248 米，因此也是世界上最深的海峡。

德雷克海峡沟通了大西洋和太平洋的航运，是一条重要的海上要道，虽然宽阔但并不好行驶，经常有风暴发生，被誉为"危险的航线"。

得名原因

16 世纪初，西班牙人在占领了南美大陆后，为了独揽同亚洲和美洲的海上贸易，封锁了航路，只允许本国船只来往，将太平洋变成了自己的私人地盘。其他国家的船只如果经过这里都会受到西班牙的攻击。1577 年有一个名叫德

❖ 德雷克海峡

雷克的英国人在躲避西班牙人的追捕时，无意中发现了这条海峡，这一发现让英国在西班牙的独揽中找到一条贸易新路，因此海峡就以其发现者的名字被命名为德雷克海峡。

因风暴而著名

德雷克海峡虽然宽阔却并不"平坦",受大西洋和太平洋交汇的影响,处于南半球高纬度的德雷克海峡几乎聚集了所有狂风巨浪,一年中的风力没有低于8级的时候,许多万吨巨轮到了这里,就如同一片落叶一样在波涛汹涌的海面颠簸,曾有无数只航船在这里沉没,所以在这里航行是一次很危险的航行。

知识小链接

德雷克海峡紧邻智利和阿根廷两国,是从大西洋通往太平洋南部的重要通道,由于它处于南美洲南端和南极洲南设得兰群岛之间,因此各国如果要到南极洲考察,都必须经过这里,巴拿马运河开凿以后,沟通了大西洋和太平洋航运,德雷克海峡的航运才渐渐减少。

危险的航线

德雷克海峡被人称之为"杀人的西风带""暴风走廊""魔鬼海峡",是一条名副其实的"死亡走廊"。除了海上的风暴以外,有时候海面还会漂浮着巨大的冰山,这些都给航行带来了很大的困难。

❖ 德雷克海峡

大理石之海——马尔马拉海

马尔马拉海是由亚欧大陆之间断层下陷而形成的内海。它位于亚洲的小亚细亚半岛和欧洲的巴尔干半岛之间,是世界上最小的海。

马尔马拉海全长270千米,宽约70千米,面积为11,350平方千米,相当于4.5个中国太湖那么大,因为马尔马拉岛上盛产大理石,因此得名,"马尔马拉"在希腊语中是大理石的意思。

气候特点

马尔马拉海的气温全年受气压带、风带交替控制,冬季气候温和,平均气温很高,即使在最冷的月份,也能保持在4～10℃之间。不仅如此,冬季的降水量比夏季还要丰沛。全年降水量的一多半来自冬季的降雨。与冬季的湿润多雨相反,受到副热带高压控制,这里的夏季不但降水不多,加上阳光充足又没有云层的阻挡,气候炎热又干燥,这种冬季和夏季降水正好相反的气候,在各国气候中也算是特例了。

◆ 马尔马拉海

战略要地

马尔马拉海通过东北端的伊斯坦布尔海峡与黑海相连，这条海峡是维系欧洲和亚洲的交通要道，也是从外海进入黑海沿岸国家的一道关口。

资源

既然是以大理石命名的，这里的矿产当然少不了大理石，在马尔马拉的海岛上，很早以前这里的居民就开始了对大理石的开采。

❖ 马尔马拉海

Part3 第三章

亚速海

亚速海是乌克兰南部的一个内海，它的面积有 37,600 平方千米，长度有 340 千米，水深非常浅，平均深度只有 8 米，最深处也不过才 14 米，是世界上最浅的海。

气候

亚速海的温度有时寒冷，有时温和，属于温带大陆性气候。冬季的气温通常低于 0℃，一般结冰期有 2～3 个月。夏季比较温暖，水温能达到 20～30℃。

❖ 亚速海

资源

由于亚速海的海水时而温暖时而寒冷，混合状态很好，海水又比较浅，尤其是夏季的时候水温很暖和，所以很适合鱼类生活，大量随着河流注入海中的营养物质，为鱼类提供了充足的食物，因此仅是生活在这里的无脊椎动物就有 300 多种，此外还有非常多的沙丁鱼和鳗鱼，鲟、鲈、欧鳊、鲱、鲂鲱、鲻、米诺鱼、欧拟鲤和鲷鱼等鱼类也不少，大概有 80 多种。

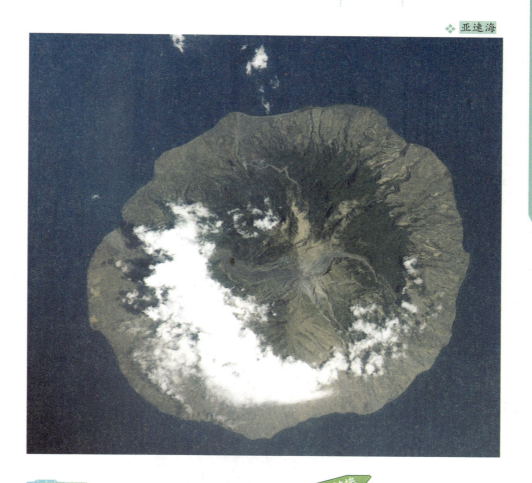

运输

　　虽然亚速海的海水很浅，但是并不影响它的运输量，如果不是因为有些地方水太浅，相信它的运输量会更大，每到冬天水面结冰的时候，为了航运顺利，人们不得不破冰助航。

知识小链接

　　亚速海地区年降水量600~800毫米，亚速海冬季盛行偏北大风，凛冽的极地冷空气不断袭来，在黑海、尤其是西北部海区掀起汹涛巨浪，景象十分壮观，成为亚速海的一大特景。强冷空气还沿某些山口、隧道急速下泻，风速可达20~40米/秒，形成少有的强风，称布拉风。

Part3 第三章

"内海"之最——地中海

地中海的历史比大西洋还要悠久，是世界上最古老的海，因为位于三大洲之间，因而得名"地中海"，意为陆地中间之海。犹太人和古希腊人将地中海简称为"海"或"大海"。

地中海的形成

❖ 地中海

地中海海底崎岖不平，交错分布着海岭和海盆，最深处达 4000 多米，最浅处只有几十米。为什么它的地貌有这么大的差异呢？

地中海海底都是石灰和泥沙，地质构造十分活跃，经常发生地震，大约在 6500 万年以前，大陆板块漂移，欧亚板块与印度板块撞击在一起，形成了山脉，受到大陆板块合拢的挤压，地中海就退缩成了现在的样子。处于板块交界处的地中海也自然成了地震的多发带，由于经常发生地震，海底就变得不那么平坦了。世界两大著名火山维苏威火山和埃特纳火山都分布在这里。

地中海的气候特征

地中海的气候在世界各类气候中独树一帜，冬季锋面气旋活跃，所以降水很多，气候温暖而湿润，最冷的时候温度也不会低于4℃，最高时候可达10℃，到了夏季，气流下沉，气候变得干燥炎热，阳光总布满地中海的上空，很少降雨，与其他地区夏季多雨冬季干燥的气候正好相反。

知识小链接

地中海地处亚洲、非洲、欧洲三大洲的交通要塞，长期以来是各国争夺的目标，掌握了地中海，就相当于掌握了大西洋、印度洋和太平洋之间往来的捷径。18世纪初英国就曾把地中海当作自己的内海，拿破仑时期，法国人一度想夺取英国人对地中海的控制权，二战中，德国和意大利也曾对地中海虎视眈眈，进行抢夺。

假如地中海缺乏供水

地中海的供水主要依赖于大西洋，大西洋流入地中海的水量很大，每秒钟就可以达到7000立方米，虽然地中海周围有很多河流注入，但是相对于它炎热的高温，水量蒸发的速度很快，尼罗河、罗纳河、埃布罗河等河水的注入多少有些不足，如果没有大西洋水流的注入，地中海恐怕早已干涸，目前地中海的水量在没有大西洋注入的情况下最多可以维持1000年，1000年后这里将不再是一片海域，只能留下一个巨大的咸凹坑供人们回忆了！

❖ 地中海

Part3 第三章

"黑色的海"——黑海

黑海是怎么得名的呢？古时候黑海边的希腊人用黑色来代表北方，其他方位也各用一个颜色代替，后来北方的那个海就被叫作黑海了。那么黑海到底是不是黑色的呢？

黑海缺乏生气的原因

黑海的水是深蓝色的，阴天的时候会变暗，由于黑海是地球上唯一的双层海，这里的海水上下层不能对流，海底的有机物质得不到氧气，就变成了黑色，遇到风暴的时候，海底的淤泥被翻卷起来，使海水看起来更暗了，好像是黑色的

❖ 黑海

一样。这样的水面看起来很没有生机，事实上由于深层海水中缺乏氧气，所以鱼类很少能在此生活，很少有生命又黑糊糊的海水就变得更加死气沉沉了。

黑海的历史

黑海被认为是印欧语系的发源地。在古代，这里是丝绸之路通往罗马的必经之路，同时它还是连接东欧内陆和中亚、高加索地区出地中海的主要海

❖ 黑海

路，地理位置十分重要。到了 17 世纪，黑海对沙俄王朝联系欧洲更加关键，几乎可以影响到俄国对欧洲交通和贸易的命脉。所以历来也是被争夺的对象。

黑海的环境特征

同很多被污染的水域不同，黑海的黑色海水算是天生的，但是在 20 世纪 90 年代的时候，严重的工业废水和生活污水，被肆意排放到黑海里，给黑海的海水又增加一抹黑色。因为污染造成的捕鱼损失多达几十万吨。

1992 年黑海沿岸国家开始实施对黑海的保护行动，仅仅 3 年黑海的水质就得到了明显改善，排污量大大下降，如果这样坚持下去，黑海抹掉这个"黑"应该不会太远了。

知识小链接

由于雨水和其他河流的注入，黑海淡水总量很大，淡化了表层海水的盐度；黑海海水是上下两层的，上层盐度较小会阻碍上下层水的交换，深层海水因为水流无法交换而严重缺氧，缺氧的深水中通过细菌作用产生了一种叫作硫化氢的有害物质，使得鱼类无法存活。硫化氢呈黑色，因此使海水看起来呈现黑色。

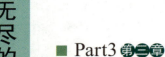

Part3 第三章

不是海洋的海——死海

死海是名副其实的"死"海，它的含盐量高达 30%，是世界上最深的，也是最咸的湖，过高的含盐量和缺氧的状况让鱼虾在此难以存活，死海不仅水里没有鱼类，就连岸边也寸草不生。

❖ 死海

最低最咸的湖

其实死海不是海，它是一个内陆盐湖，这个最咸的湖位于约旦，被夹在两个平行的地质断层崖之间。在这两块裂谷之间，它就像一个巨大的水盆。除了具有最深最咸的特点外，它还是地球上表面最低的湖，它的水面平均比海平面低 400 米。

死海中的盐从哪里来

由于死海含盐量很高，所以水中浮力很大，人进入死海，可以漂浮在海面上看书，即使是不会游泳的人，也会被巨大的浮力托起，不会沉没，这些都要依赖于死海的高盐度。为什么这里的海水比别处格外咸呢？

这是因为死海中含有很多矿物质，经过长年的沉积，盐分被积累得越来越厚，就成了最咸的海。另外由于死海位于沙漠中，降雨量不多，高气温让

❖ 死海

许多河流干涸，留下了很多盐分，这些盐分最终都被汇聚到死海里。

死海将会走向何方

地处高温地带的死海，时刻面临着大量水分被蒸发的状况，它的面积正在一点点缩小，如果继续下去，很可能未来某一天死海就会从地球上消失。为了改变死海的命运，科学家们想出种种设想，比如在死海和地中海之间开凿一条运河，这样比死海水平面高 392 米的地中海海水就能流入死海，同时还可以利用水流落差发电，将死海救活，或许这样死海才能获得一线生机。

知识小链接

死海里鱼虾不能存活，但这不代表死海里没有生物存在，通过研究科学家发现，在死海里有几种细菌和一种海藻存在。这些生物身上都有一种叫作"盒状嗜盐细菌"的微生物，有独特的蛋白质可以防止盐的侵害，这一发现对揭开死海里生物存在有重要意义，或许有一天依赖此种蛋白质，在缺乏淡水的环境里，生物可以移居到海水中生活。

Part3 第三章

"红色的海"——红海

同黑海一样，红海也是一条因海水颜色得名的海。红海的含盐量比死海还要高，居世界首位。

在红海里，不会游泳的人也不会沉下去。在红海的面前，死海的含盐量只能屈居第二，红海的盐度几乎达到了饱和浓度，含盐度高达41%～42%，是海水平均盐度的8倍，所以在红海里游泳浮力比死海还要大，根本不用担心不会游泳而下沉的危险。

红海含盐量为什么高

为什么红海会有这么高的含盐量呢？因为红海处在炎热地区，它地处热带、亚热带，气温很高，因此水量蒸发很大，注入红海中的水流都很小，所以红海的盐度没有受到影响，大洋里浓度稍微低点的海水无法进入到高浓度的红海，红海里的海水也不容易流出去，这样海水的咸度不会变淡；高温的气候让水分蒸发掉而盐分继续沉积在海里，也是海水变咸的原因之一。除了高气温蒸发外，红海海底的热度也在蒸发着海水。

❖ 红海

繁忙的水上交通

红海长 1900 千米以上，是连接地中海和阿拉伯海的重要通道，石油经由这里被运输到地中海地区。关于商业贸易，红海具有悠久的历史，1869 年自苏伊士运河开通以后，这里便成了一条交通要道，商业贸易异常活跃。

知识小链接

红海的得名：红海一词与海水的颜色并没有关系，在希腊语和拉丁语里意为泪之门。红海海水的颜色并不红，之所以叫作红海，是因为红海附近有红色的山脉，当山脉映入水中，会将海水倒映成红色，另外海中有很多红藻和红色珊瑚，海中红色植物和海边红色山脉交相辉映才让红海的海水略呈红色，这就是红海得名的原因。

❖ 红海

❖ 红海

■ Part3 第三章

浪漫之海——爱琴海

爱琴海有 610 千米长，是地中海的一部分。它的海岸线非常曲折，拥有众多港湾，其中大大小小的岛屿多达 2500 个，这些岛屿大致划分为 7 个群岛。

文明的摇篮

爱琴海的克里特岛是古爱琴文化的发源地，它曾被称为"迈锡尼文明"，爱琴海的匠人是希腊艺术的先行者，这里的宫殿和工艺品无不体现着极高的艺术价值，这里的陶瓷艺术在 3000 年前就已经发展到了一个很高的水平，它的壁画艺术和金匠技术都很值得称道。

岛屿与集散地

爱琴海由几个群岛组成，除了克里特岛外，还有色雷斯海群岛、东爱琴群岛、斯波拉提群岛、基克拉泽斯群岛、萨洛尼克群岛和多德卡尼斯群岛。爱琴海的冬季温和多雨，夏季炎热干燥，海水清澈而平静，虽然温度很高，但是因为海中营养物很少，所以没有多少生物。这里大部分岛屿都是岩石，只有北部和南部的岛屿上生长有茂密的树木，有些岛上还蕴藏有石油和铁矿。

知识小链接

关于爱琴海的由来还有一个这样的传说：希腊有位名叫琴的竖琴师，相传她的琴声非常优美，吸引了一位年轻的国王的爱慕，后来国王战死在疆场，琴师每天都为国王收集一颗露珠，在琴师死去的时候人们把她收集的 5,213,344 瓶露水全部倒在她沉睡的地方，露珠变成了一条清澈的海，这就是爱琴海。

■ Part3 第三章

海盗之海——加勒比海

看过影片《加勒比海盗》的人一定对加勒比海都有深刻的印象。的确，加勒比海可以说是海盗的天堂，这里资源丰富，盛产金枪鱼和龙虾，有"美洲地中海"之称。

多国的海岸线

加勒比海的面积有 275 万平方千米，是世界上最大的内陆海，它被大小安的列斯群岛和中美洲、南美洲大陆包围，沿岸有 20 多个国家，比地中海还多 3 个，这里的国家大多是美洲的，有中美洲的危地马拉、洪都拉斯等和南美洲的多巴哥、多米尼加等一些国家，是沿岸国家最多的海。

❖ 加勒比海

因海盗闻名

说到加勒比海，人们难免会想到那些驰骋于海上的海盗，加勒比海上真的有很多海盗吗？

加勒比海东西长 2800 千米，平均水深达 2491 米，阳光明媚，海水晶莹透彻，这样的场景怎么看都像是一个度假胜地，很难让人把它和海盗联系到一起。事实上从 16 世纪起，这里就活跃着很多海盗，有些海盗甚至具有国王授权的合法身份。加勒比海上小岛众多，为海盗们提供了良好的藏身之处，他们在这片海域上肆意地袭击航船，西班牙的运珠宝舰队更是他们攻击的主要对象。17 世纪的时候，这里是通往美洲的必经之地，得天独厚的条件，简直是上天赐给海盗的饭碗，因此当时海盗的活动十分猖獗，不仅是商船屡遭袭击，就连舰队也难免受到他们的攻击。

加勒比海的生态危机

同其他海域一样，加勒比海也有它的生态危机，它的危机来自一种名叫襄鲉的鱼类，这种鱼以其他鱼为食，每小时可以吃掉 20 条小鱼，由于它的大量存在，给其他鱼类的生存造成了危机，目前还没有什么办法阻止这种鱼的食量，看来加勒比海的难题还真不小。

❖ 加勒比海

Part3 第二章

不咸的海——波罗的海

波罗的海是世界上盐度最低的海，其海水盐度仅为 0.7‰～0.8‰，远远低于世界海洋平均盐度 3.5‰。这里的海面周围布满了国家，几乎被陆地环抱着，沿岸有瑞典、俄罗斯、丹麦、德国等 9 个国家。

与众不同的波罗的海水

波罗的海的海水盐度十分低，这是因为波罗的海的海区闭塞，外界的盐分无法进来，加之波罗的海原本就是一片被冰水淹没的海洋，水质很好，而且这里气温低，海水不易蒸发，周围又有 200 多条河流注入，淡水注入面积丰富，几

❖ 波罗的海

乎是其本身集水面积的 4 倍，所以这里的海水盐度始终没有大的变化，一直低于世界海水的平均含盐度。

自然资源丰富

波罗的海的海洋动物种类并不多，只有大西洋鲱鱼、鲲鱼、鳕鱼、比目鱼、鲑鱼、鲽鱼、鳗、胡瓜鱼、白鱼、鸦巴沙和淡水鲈鱼等种类，不过数量

很多，除了鱼类以外还有海豹。另外波罗的海除了生物资源，还有矿产资源，如石油等。

受到污染

由于波罗的海一直都是航运的重要通道，尤其是 20 世纪 90 年代初，海上的轮船急剧增加，近两年来航行的轮船已经超过了 4 万艘。这些航船向大海排泄着废油，偶尔还会发生漏油现象，所以波罗的海受到了严重的污染，严重的海水污染令生活在这附近的海鸟不断死去，每年死于海水污染的海鸟就有 2 万只，还有很多在此越冬的鸟儿也没能幸免，数百万只就会有 15 万只死于油污，如果照此下去，很可能有一天这里将不会再有任何生物。

知识小链接

波罗的海的名字来源于芬兰湾沿岸的波罗的山脉，因为位于西欧各国以东，所以被英国、丹麦、德国和荷兰等国称为东海，对于东欧的爱沙尼亚来说，它位于爱沙尼亚的西面，所以爱沙尼亚称之为西海。

波罗的海上有很多岛屿，小岛的形状千奇百怪，有博恩霍尔姆岛、哥得兰岛、厄兰岛、吕根岛和果特兰岛等岛屿。

❖ 波罗的海

■ Part3 第三章

平静的海洋——太平洋

葡萄牙航海家麦哲伦在航行到这里的时候，看到这里海面平静，因此将其命名为太平洋。事实上太平洋并不太平，这里是火山和地震的高发地带，全球约85%的活火山和约80%的地震集中在这里。

名称的由来

太平洋的面积非常大，总面积为15,555.7万平方千米，占地球表面积的1/3。关于太平洋的得名还要从航海家麦哲伦说起。1520年麦哲伦为了完成他的环球航海之旅，沿着大西洋绕过南美洲，一路航行在狂风巨浪

❖ 太平洋

的颠簸中，经过30多天的航行后，他们进入了一片大洋。这片大洋上天气晴朗，始终风平浪静，麦哲伦觉得这个大洋很"太平"，因此就将这片大洋命名为"太平洋"。

水温最高的大洋

太平洋的大部分海域都处在热带和副热带地区，因此气候十分暖和，它的海域有一半其水温常年保持在20℃左右，还有1/4超过了25℃。

火山和地震最多的大洋

太平洋虽然看似比较平静，终年都利于航行，其实却并不平静，在它的海底有28条大海沟，其中包括世界上最大的马里亚纳海沟，这里还是地震和火山的频发地带，活火山多达360座。

太平洋的洋流

由于太平洋面积大，水体均匀，有利于行星风系的形成。太平洋的洋流在信风影响下自东向西运动，在菲律宾附近形成著名的黑潮。

黑潮在东经160°附近转向东流，形成北太平洋暖流。此外对马暖流、加利福尼亚寒流、勘察加寒流等都与太平洋洋流有关。

知识小链接

太平洋的海底有大量的锰结核，水中靠近日本海区域盛产鲱鱼、鳕鱼、金枪鱼和蟹等，哥伦比亚附近盛产鲑鱼；从太平洋的海水中都可以提取海盐、溴、镁等物质，可谓资源十分丰富。此外太平洋还是航海家的乐园，许多航海家的足迹都曾到达过这里，麦哲伦曾经横渡太平洋，荷兰航海家塔斯曼发现了新西兰和斐济。

❖ 太平洋海岸

■ Part3 第三章

冰雪之岛——格陵兰

格陵兰岛位于北冰洋和大西洋之间，全岛面积为217.56万平方千米，是世界第一大岛，其中4/5的岛屿都位于北极圈以内，在这里生活着顽强的因纽特人。

❖ 格陵兰

格陵兰岛的面积虽然很大，但是由于大部分岛屿都在北极圈内，所以气候十分寒冷，是仅次于南极洲的世界第二大冰库，这里几乎全被冰层覆盖，最厚处的冰层有1500米。

格陵兰

在北欧的神话里这里是红胡子王子埃里克逃亡的地方，为了吸引更多的人来这里，该岛被取名为格陵兰岛，意为"绿色的土地"，虽然这里几乎见不到绿色，但是却吸引了格陵兰岛的土著居民世代生活在这里。

因纽特人是这里的土著居民，他们依靠捕鱼狩猎为生，过着简单而顽强的生活。

知识小链接

格陵兰岛的传说：大约在公元982年，有一个打算远渡重洋的挪威海盗，他划了一只小船从冰岛出发，见到了格陵兰岛南部的一小片绿色草地后，十分喜爱这里，就告诉他的朋友自己发现了一块绿色的绿地，这就成了格陵兰岛的称呼。

格陵兰岛冰雪茫茫，最冷的时候气温达到零下70℃，听起来就让人不寒而栗，这里除了西南沿岸有少量的树木和绿地以外，几乎全都被冰雪覆盖着，到处是冰川和冰山，是名副其实的冰雪王国。

格陵兰岛是最大的冰雪岛屿，在澳大利亚的东海岸有一座世界最大的珊瑚礁岛，同格陵兰岛对比，一个冰冷，一个火热，一个是白色的世界，一个却是五彩斑斓的海底景观。

Part3 第三章

人类文明的**诞生地**

地中海是世界上最古老的海，因为位于亚洲、非洲和欧洲三块陆地之间，因此得名"地中海"。公元 7 世纪时，首次被西班牙作家伊西尔用作地理名称。

这片海域孕育了人类文明，著名的爱琴海文明就诞生于地中海的属海。古罗马、古希腊和古埃及的文明也是从这条交通要道传播到了世界各地。

这里气候特殊，被称为地中海气候，冬季温暖多雨，夏季干燥炎热，特征十分鲜明。

作为最大的陆间海，这里还曾是航海家的诞生地，几位著名的航海家麦哲伦、哥伦布和达·伽马都是杰出的代表，除了在航海历史上占有一席之地，这里还是著名的文艺复兴发源地，"日心说"的创始人哥白尼和物理学家伽利略都诞生于此。

虽然现在地中海是大西洋的属海，但地中海的形成历史可比大西洋要古老得多。

知识小链接

从地质史上来看，大约在 6500 万年以前，地中海的前身是辽阔的特提斯海。那时候特提斯海是一个面积仅次于太平洋的大海，后来由于欧亚板块和印度板块的移动，这两块大陆在漂移中撞击形成了喜马拉雅山，因此缩小了特提斯海的面积，后来这片大海被更多的陆地包围，就逐渐退缩成了现在的地中海。

Part3 第三章

又咸又热的**红海**

红海是印度洋的边缘海，这里气候炎热，海水含盐量居世界之首，是世界上最热、最咸的海，位于非洲东北部和阿拉伯半岛之间的这片水域拥有独特的风光，让人过目难忘。

红海的气候很干燥，东西两侧都是沙漠，受到沙漠夹持的影响，闷热的空气中常常夹杂有尘埃，常年难以见到明媚的晴空。

由于长期处在副热带高压控制下，这里温度极高，水很容易被蒸发掉，加上降水又少，所以红海中的盐度达到了40.1‰，是世界上水温和含盐量最高的海域。

关于红海的形成，科学家们认为在4000万年前，地球上并没有红海，红海是由于非洲和阿拉伯两块大陆在地壳张裂中产生的裂缝中灌入了海水后才形成的封闭浅海。后来海底发生扩张，熔岩将浅海的海水蒸发后干涸，只剩下厚厚的蒸发岩沉积下来，这就是现在红海的主海槽。

到了大约300万年前，海水再次进入红海，海底发生缓慢扩张，将非洲大陆和阿拉伯大陆分离到了东西两侧，就形成了今天的红海。

知识小链接

埃及人是最早发现红海的，在《圣经》中，也记载了由摩西带以色列人穿过红海的故事，不过这一故事并没有得到考证。

作为重要的航运通道，希腊航海家率先打开了红海到印度的航线。之后欧洲人也开始了对红海的探寻，一战后美国和前苏联也开始对运河增加影响，可见红海航线的重要性。至今红海的地位仍然很重要。

Part3 第三章

海中深沟

在太平洋底有一条全长 2550 千米的弧形海沟——马里亚纳海沟，它的最深处达到海底 1 万米左右，比世界最高峰珠穆朗玛峰还高，在这里生活着一些人类从未见过的深海动物，水压 1100 个大气压的海沟里生活有 30 厘米长、像海参一样的欧鲽鱼和形状扁平的鱼类。

这条海沟在 6000 万年前就已经形成了，至今所探测到的海沟中没有一条可以超过它的深度，马里亚纳海沟大部分水深都在 8000 米以上，最深处是斐查兹海渊，可达到 11,034 米，是地球的最深点。

2011 年 1 月，人们通过勘察发现马里亚纳海沟蕴藏着大量的碳，这个巨大的海沟里沉淀着许多由海沟细菌转化成的碳，含量比海底平原还高。

知识小链接

在马里亚纳海沟 2000 ～ 3000 米的水深处生活着成群的大嘴琵琶鱼，8000 米以下的水层，还发现了仅 18 厘米大的新鱼种。

我们都知道海沟里的水压高达 1100 个大气压，在这样的水下，钢制的坦克都会被压扁，更不要说人类的血肉之躯了，可是这些小鱼虾却生活得自由自在，仿佛根本不受气压的影响，我们不得不说海底世界真的奇妙无比，很多人类办不到的事情，在海洋生物面前却显得微不足道，这真是不可思议的事。

Part3 第三章

世界第一大海湾

孟加拉湾是全球最大的海湾，位于印度洋北部，总面积 217.2 平方千米，它的名字来源于印度的蒙古邦。

孟加拉湾是印度洋的一部分，水深 2000 ～ 4000 米，含盐度很高。沿岸都是亚洲国家，有印度、孟加拉国、缅甸、泰国、斯里兰卡、马来西亚和印度尼西亚等。

作为世界第一大海湾，孟加拉湾是印度洋通往太平洋的重要通道。由于气候上带有明显的热带海洋性和季风性特征，孟加拉湾全年温度都很高，平均温度为 15 ～ 28℃；有的海域气温高达 30℃。与同纬度的太平洋和大西洋海域相比，气温要高出很多，所以被称为热带海洋。

知识小链接

由于孟加拉湾地处赤道附近，受赤道低压带的影响，很容易产生风暴。每年 4 ～ 10 月的夏季和夏秋之交的时候，都会有猛烈的风暴席卷着海浪，洒下瓢泼大雨，给沿岸带来巨大的灾害。1970 年 11 月 12 日，孟加拉国受到了孟加拉湾形成的一次特大风暴的袭击。这次灾难造成 30 万人死亡，许多房屋被毁坏，100 多万人无家可归。

■ Part3 第三章

里海不是海

位于亚洲和欧洲交界处的里海是世界上最大的湖泊，总面积有386,428平方千米，平均水深209米，最深处1025米，居全球湖泊蓄水量之最。

里海的名字虽然叫海，但它并不是海，它与黑海和地中海共同属于古地中海的一部分，随着地壳运动才被分割成了独立的湖泊。

里海的面积占全世界湖泊总面积的14%，比北美五大湖的总面积之和还要大。

里海是全世界最长的湖泊，虽然很大，但是由于南北狭长，很多湖面都位于荒漠和半荒漠里，那里温度高，气候干旱，湖水蒸发很快。随着湖水被蒸发不断减少，湖里的含盐量也越来越高。

知识小链接

里海的航运十分发达，伏尔加河及伏尔加—顿河等运河的开通，实现了对白海、波罗的海、里海、黑海和亚速海五海通航。

航运的主要货物以石油为主，也有粮食、木材、棉花、食盐及建筑材料等。由于其北部水域比较浅，有时候要通过巴库和克拉斯诺沃茨克之间的火车轮渡才能使航运不受影响。里海沿岸有很多港口，主要有阿塞拜疆共和国的巴库，俄罗斯联邦共和国的阿斯特拉罕等。

❖ 里海

Part3 第三章

佛教圣物——砗磲

我们经常可以在海滩上和海岸边看到五颜六色的贝壳，贝壳是海洋中最常见的生物，不仅数量多，形态也有很多种，轻便又美观的贝壳被做成首饰和工艺品出售，受到人们的欢迎。

贝壳的种类繁多，大小也不等，世界上最大的双壳贝名叫砗磲，我们在首饰店见到的很多白色的手串就是由它制成的，砗磲与珍珠、珊瑚、琥珀被西方誉为四大有机宝石，尤其是砗磲石，不但样子洁白美丽，还是佛教的七宝之一。砗磲石的贝壳非常厚大，一片贝壳最大的时候有2米多长，普通的也有1米左右，一个2米长的砗磲贝壳大概相当于一个浴缸那么大，重量足有250斤。砗磲石主要分布在印度洋和西太平洋的珊瑚礁环境中，大致分为9种，在我国的台湾、海南等地也有分布。砗磲一名始于汉代，因为它的外壳表面有放射状的沟槽，酷似古代车轮的车辙，因此得名车渠。后人又因为它质地坚硬如同石头，就在"车渠"二字旁边加了个石字偏旁，变成了"砗磲"这两个字。砗磲的寿命很长，大概可以活上百年，可以跟乌龟的寿命相比了。

知识小链接

砗磲的内壳是白色的，其尾端最是精华，将其加工可以作为佛珠或装饰品。佛教将砗磲做成念珠用以驱邪避凶。清朝的时候六品官员帽子上的顶戴就是砗磲及白色涅玻璃。另外砗磲还是一种中药，尾端的精华同珍珠一样有壳角蛋白及氨基酸，有保健、促进身体新陈代谢、抗衰老、防止骨质疏松等功效。

❖ 砗磲

■ Part3 第三章

水中毒物——水母

海洋中的生物并不是都能造福人类的，也有些是能伤害人类的，在澳大利亚东北沿海水域就有一种有毒的水母，人一旦被它蜇伤30秒内就会死亡。

水母是大型的无脊椎浮游动物，在动物学上隶属腔肠动物。水母出现的年代十分久远，大约可以追溯到6.5亿年前，比恐龙还早，种类也很

◆ 水母

多，全世界大约有 250 种左右，这些水母都生活在海洋里，直径从 10 到 100 厘米不等。

水母的身体里 95% 都是水，它们在运动时，就好像一顶张开的圆伞，十分漂亮。目前已知道的最大的水母是生活在大西洋和北冰洋里的北极霞水母，它的伞盖直径有 2.5 米，呈黄色或红褐色，伞盖边缘有很多组触手，每组触手长达 40 多米，这些触手就是水母的感应器官，触手的末端带有毒刺丝，捕食猎物的时候可以将猎物刺死或刺伤，当北极霞水母的 1200 只触手完全张开的时候，面积有 500 平方米大，就好像一张大网把鱼虾笼罩在自己的捕食范围内，任何凶猛的动物遇到它都会束手无措，乖乖成为其手下败将。水母还能像骆驼一样在身体里储存食物，每当食物充足的时候，它的形体就会增大，没有食物的时候，身体就会缩小，游动的速度也会减慢。

还有一种水母叫作箱水母，又叫海黄蜂或立方水母，之所以有这样的怪名字，是因为它的外形像一个方形的箱子。这种水母经常漂浮在昆士兰海岸边的浅海里，一只成年的箱水母大概有足球那么大。箱水母的毒性来自它的触角，它的身后拖着 60 多条带状触须，这些触须就是它的感觉器官，可以伸展到 3 米以外的地方，随着水流慢慢飘动，样子十分迷人。看似美丽的箱水母却实在让人亲近不得，它的每一根触须上都藏着肉眼看不见的毒针，这些

知识小链接

自然界里有毒的生物不在少数，毒性最强的自然有澳大利亚的箱水母，但生活在澳洲的毒物又何止这一种，澳洲有一种名叫艾基特林的海蛇和澳洲箱水母生活在同一水域，它的毒性超过眼镜王蛇，如果被它咬到一口，10 分钟内就会毙命，是名副其实的海中瘟神。澳洲有毒的生物还有毒鱼由、澳大利亚漏斗形蜘蛛、泰斑蛇。

毒针就长在它触须上的囊状物里，每一根毒针都盛满了毒液。

一只箱水母的毒性究竟有多强，以澳大利亚的箱水母为例，它的毒性是所有箱水母中毒性最强的，它的毒素足够毒死 60 个成年人，如果被箱水母蜇伤，要是在 4 分钟以内得不到救治将必死无疑。

目前防止遭受水母攻击的唯一方法就是远远地避开它们，不要到有这种水母出现的海域里去，很多海滩现在都会有提防水母的警示牌以提醒人们不要随意下水，目前还没有特别有效的药物能解除水母的毒性，科学家们正在努力寻找中。

Part3 第三章

会旅行的懒鱼

鱼儿在水里游来游去，显得活泼又灵敏，可是你知道吗，并不是所有鱼类都是这样勤于运动的，在太平洋、印度洋和大西洋里就生活着一种很懒的鱼。

这种懒鱼名叫鲫鱼，又叫印头鱼，是出了名的"免费"旅行家，它们经常依附在鲸鱼、海龟和鲨鱼等大型海兽的腹部，不出一点力气就可以远渡重洋。除了依附在动物身上，船底和潜水员的身上也是它们的依附对象，只要有一点机会它们就会千方百计地做免费旅行，真是名副其实的懒鱼。鲫鱼之所以能够搭乘"免费班车"主要得益于它身上的吸盘，它的吸盘吸力很大，一旦粘上就很难摆脱，鲫鱼就这样利用吸盘跟着那些大型海兽和鱼类到处旅行，不但节省了自己的力气，还免受了其他动物的威胁，真有点狐假虎威的架势。不仅如此，搭乘"免费班车"还好处多多，连吃饭都省了事，大鱼吃剩下的食物成了它们随时随地的"免费午餐"，一边旅行，一边美餐，真是两不耽误。而且它们还非常懂得生活情趣，每当到了饵料丰富的地方就会下"车"去享受自己的生活，吃饱喝足后又会搭乘下一部班车继续旅行，日子过得还真是优闲呢！

知识小链接

说鲫鱼懒惰还多少有点冤枉了它，因为鲫鱼游泳能力较差，所以主要靠吸盘活动，渔民就利用它的这一习性，把鲫鱼当成钓钩，能轻而易举地捕捉其他生物。

渔民把鲫鱼的尾巴用绳子缚牢固，看到有海龟的时候就把鲫鱼放下去，鲫鱼就迅速地吸在海龟身上，由于它的吸盘不容易被挣脱，所以收回绳子后，海龟也就自然而然地被擒获了。

游泳健将——旗鱼

鱼类虽然都会游泳，但是也有游得快慢之分。有一种游得很快的鱼，名叫旗鱼，游泳的速度是其他鱼的 2 倍，是轮船的 4~5 倍。

旗鱼在大西洋、印度洋、太平洋和日本、美国、印度尼西亚以及我国的东南部、南部海域里都有分布，主要以小鱼和乌贼为食，日本的料理店里也经常出现旗鱼的生鱼片，味道十分甘美。

旗鱼体型扁长，一般体长 3 米左右，重有 30 千克，因为它的背鳍像一面旗子，因此得名。旗鱼游泳的速度很快和它生活的环境有关，旗鱼生活在热带和亚热带大洋的上层，这里水流很快，如果旗鱼的游泳速度不够快，就很容易被冲走，为了适应生存的环境，久而久之旗鱼游泳的速度就达到了世界第一的水平。究竟旗鱼能游多快呢？一般旗鱼的时速在每小时 110 千米，3 秒钟就能游近百米，确实惊人。旗鱼的身体构造也是它游得快的原因之一，它的身体呈流线型，嘴巴又尖又长，游泳时可以用嘴把水分开，同时背鳍还能放下，减少了水的阻力。速度很快的旗鱼总有种雷厉风行的架势，性情也凶猛，尖锐的长嘴就像一把锯子，可以把船锯开。

知识小链接

旗鱼分为几种：白旗鱼到了冬季富含油脂，味道最鲜美，3~6 月间非常肥美，可媲美鲑鱼肉，鱼肉切开后断面颜色鲜艳，被人称为南瓜肉；黑皮旗鱼有 4 米长；芭蕉旗鱼背部有帆状背鳍。旗鱼富含肌红蛋白，组胺酸、鹅肌肽等咪唑化合物含量高，营养成分很高，在日本是寿司和生鱼片中的珍品。

Part3 第三章

水中**潜水员**

海洋不仅面积广阔，海水又非常深，因此大海里的鱼类都有了充分发挥的空间，抹香鲸可以算是海中潜得最深的动物。

抹香鲸又名"巨头鲸"。顾名思义，这种鲸鱼的头部很大，在哺乳类动物中，它被称为"潜水的冠军"。

深海的水压力很大，尽管很多鱼类和海龟海豹等动物都能在海里来去自如，但并不是每一种动物都能潜入海底深处的，有些地方压力过大，远远超出了它们的承受能力。抹香鲸则不然，因为它的身体构造奇特，头大尾巴小，很适于潜水，它常常会一个猛子扎到海里，一潜就是几十米、上百米。就如

同一个跳水运动员一样，身手矫健。

抹香鲸最深的潜水深度是 2200 米，在这个深度里丝毫感受不到压力，能够上下浮动自如。

抹香鲸和人类一样都属于哺乳动物，都是用肺呼吸，人屏气的时间最多只有一两分钟，潜水深度不会超过 20 米，但是抹香鲸却比人类的潜水能力大得多，这是为什么呢？

知识小链接

据海洋生物学家研究发现，抹香鲸的潜水本领与它的捕食习惯离不开，为了捕捉自己喜欢的食物乌贼，抹香鲸经常潜入深海，时间一长它的呼吸系统也随之发生了相应的变化，它的鼻孔变成了空气的储藏室，容量和肺相等，因此，它的肺容量就增加了一倍。另外在潜水时，抹香鲸的胸部会随着外部压力进行调节。

Part3 第三章

水中吉尼斯

陆地上有各种各样的吉尼斯纪录，在海洋中同样有这样的纪录，这些纪录大多表现在海洋动物生活的寿命、体重等方面。

在海洋里，寿命最短的生物只能用小时来计算寿命，例如水母就只能活2~3小时，海葵的寿命也只有半天的时间。鱼类的寿命相对要长一点，比较短的如青鳞鱼，可以活15~20年，梭鱼的寿命算是比较长的了，大约能活200年。1497年德国人曾经捕获了一条梭鱼，从鱼尾的金属环上表明的数字来看，这条鱼的寿命居然有267年。

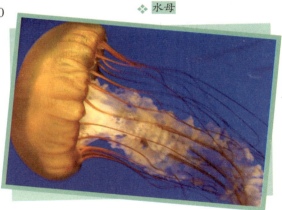

❖ 水母

除了寿命的比较以外，海洋动物的体重差异也很大，体重最大的是生活在日本海的大蜘蛛蟹，仅仅是它的大螯就有1.5米长，最小的螃蟹只有小米粒大小，叫作豆蟹，也生长在日本海。海参类最长的是我国西沙群岛的梅花参，体长有1米左右，一只就可以让几十个人饱餐。

而海洋中的庞然大物又何止海参？最大的海鱼有80吨重，长25米，叫作

❖ 大蜘蛛蟹

无尽的海洋世界

❖ 梅花参

鲸鲨。

潜水最深的是抹香鲸，游泳最快的是比火火车还快的剑鱼和旗鱼，变色最快的是能和陆地上的变色龙媲美的比目鱼，毒性最强的是箱水母。

这些都是海底世界里著名的生物，它们各有千秋，在各自的领域里独领风骚，无人能及。但要是论起产卵量来它们就望尘莫及了，产卵最多的鱼是翻车鱼，它是水母的天敌，专门以水母为食，所以又叫蜇鱼，一年能产卵 3 亿粒，尽管如此，翻车鱼现存的数量还是很少。因为翻车鱼性情温顺，常被人类、虎鲸和海狮当作袭击对象，有时候还会被海鸥吃掉。

知识小链接

翻车鱼在各地的称呼：台湾因其主食水母称之为蜇鱼，因其肉色雪白青嫩又名干贝鱼。西班牙人叫它石磨，因为它躺在水面上的时候就好像一盘石磨一样。法国人叫它月鱼，因为它喜欢侧躺在海面上，在夜间会发出微微光芒。美国人叫它太阳鱼，因为它白天喜欢侧躺在海上，好像是海中的太阳。日本人叫它曼波鱼，因为它游泳时，好像在跳曼波舞一样有趣。

第四章
海洋生物

　　海洋中生活着种类繁多的海洋生物，有些是我们已经知道的，还有些是我们未知的。对于海洋生物的了解需要我们不停去探索和发现，无论是鱼类、软体动物还是植物，了解了它们的特点和习性将会给人类带来巨大的福音。

■ Part4 第四章

海洋**动物**

海洋因为海洋动物的存在而充满生机，形态各异、生活习性不同的各类海洋动物在属于它们的海域里自由地生活，同时也给人类的生活带来了有利的或不利的影响。

海洋里的动物和陆地上的动物不同，它们没有明显的眼睛、耳朵，有些还没有腿，甚至没有明显的感觉器官，只通过触手来感应外界，它们有些看起来像植物，有些靠鳃来呼吸，还有些样子怪异，无论它们是什么样子，这都是自然进化的结果，为了适应它们所生存的环境，在一代代的改变中才成了今天的样子，有些或许和陆地上的某些动物还是远亲，但是却几乎找不到什么相似之处。

这些海洋动物有一个共同点，就是结构都比较简单原始，这当然也是由于它们所生存的海洋环境决定的。在这样的环境里，动物的身体结构发展都保留了较为古老的特征，甚至还保留下许多种类的古老物种，比如有活化石之称的舌形贝。

软体动物中也有很多古老的物种，它们从形态上和其祖先相差无几，例如鹦鹉螺和新碟贝等。脊椎动物中的矛尾鱼很容易让人联想到泥盆纪时代的。还有一些水母、有孔虫等都是古老物种。

知识小链接

神奇的"魔鬼鱼"：在海洋中有一种庞大的热带鱼类，学名叫前口蝠鲼。它的个头和力气很大，发起怒来，只需闪动一下它那双强有力的"双翅"，就能碰断人的骨头，将人置于死地，所以人们都叫它"魔鬼鱼"。有的时候它会把头鳍挂在小船的锚链上，拖着小船在海里飞跑，搞一些恶作剧，让渔民误以为是"魔鬼"在作怪。

海洋生物的分布规律

海洋里的生物分布是很有规律的，大多数海洋生物都会集中分布在某个区域，这些海洋生物聚居的地方不一定是它们最初的起源地，很多时候由于迁徙、越冬和产卵等原因，它们逐渐离开了原来生存的环境。

有些时候，海洋生物生活地点的变迁也和人类有着莫大的牵连，20 世纪 30 年代的时候，一些中华绒螯蟹被法国商船从青岛带到了西北欧，此后就在那里生育繁殖，逐渐成了西北欧沿海海域的优势种群。还有我们现在经常见到的海带，以前并不生活在中国，是后来从日本海引进养殖后，成为中国海里的"常驻居民"的。

当种群繁殖的个体数量巨大的时候，这些种群就要向外扩散，随着种群越来越多，

❖ 海洋鱼类

❖ 鳗鲡

分布的范围也就越来越广了。海洋生物种群虽然善于迁移，但是过程并不是一帆风顺的，

❖ 海星

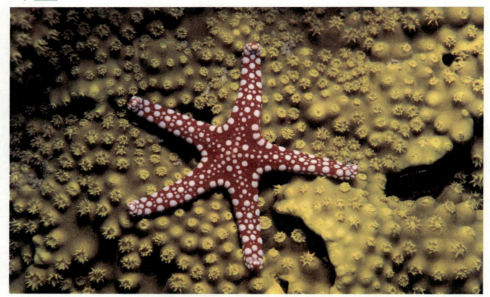

有些还处于幼年阶段的浮游幼虫很可能还没有穿越过迁移路途中的阻碍就已经夭折了。海底地形复杂，高山深沟都不是轻易可以逾越的，尤其是海里的海脊，更是一个巨大的阻碍。除了海脊，海底的一些地峡也能对浮游生物的迁徙构成阻碍，这些障碍往往让障碍两边各自生活着某种生物，在两个不同的区域里共同生活。

有些海洋生物由于适应环境的能力较强，活动范围就会更广泛，例如金枪鱼，每到繁殖季节就从大洋里来到近海产卵，而在江河湖泊里生长的鳗鲡为了繁殖后代，也必须要奔波到近海或大洋附近，这些动物的天然本能所产生的动力有时候大得不可思议，生活在淡水里的鱼类甚至可以冲破海水盐度这道屏障，不但能游到这里，而且还在近海养育后代。

知识小链接

海陆生物的很多特性启迪了科学家的发明和创造，并逐渐形成了一门新的学科——仿生学，人类使用的很多物品都来自于动物的启发，例如鱼的鳔，具有漂浮作用，人类根据鱼鳔的原理发明了潜水艇，而船只上的桨、橹、舵则是根据鱼鳍的作用原理逐渐发展来的。科学家还根据海豹及其耳朵的特殊结构，设计出了新型的水中听音器。

Part4 第四章

飞翔的**海鸟**

海鸟除了我们比较熟悉的海鸥和海燕以外还有很多种，它们大致分为两大类：一类是大洋性海鸟，一类是海岸性海鸟，这两种海鸟有什么不同呢？

❖ 海鸥

大洋性的海鸟生活在大洋上空，远离大陆，只有在繁殖期的时候才找陆地降落，例如信天翁。海岸性的海鸟则相反，只有外出觅食的时候会飞到海上，天一黑就会回到陆地上的巢穴中。

信天翁常常飞行在大洋上空，它们是天生的流浪者，无论刮风下雨还是电闪雷鸣，都伸展着翅膀在大海上空飞翔。信天翁的体型很大，翅膀展开有 3.6 米长，是典型的大洋性海鸟。

海鸥是人们最熟悉的海鸟之一，叫声像猫，它们不惧怕人类，常常跟随轮船飞行，捕捉被轮船螺旋桨打晕的鱼虾，就连船员们在船上吃的午餐都是它们争抢的对象。每当船只在港湾停泊的时候，大批的海鸥就会赶来抢食船员们留下的剩饭，这些海鸥跟人类的关系十分亲密，简直成了海运航行中船员的好伙伴。

成群的海鸟在栖息的海岛上留下经年累月的鸟粪，这些厚达几米至几十

知识小链接

瑙鲁是一个神话般的地方，它位于西太平洋赤道附近，环境优美，人民富裕，岛上的人民不愁吃穿，全部费用都由政府供给，孩子上学不用交学费，政府还会给学生发零花钱，人们看病吃药全都免费，工作也由政府给安排，这一切的开销全部来自岛上的鸟粪，天然的资源让这个小岛上的人均国民收入居亚太地区首位。

米的海鸟粪成了优良的有机磷肥料。太平洋上的岛国瑙鲁几乎全部土地上都覆盖着厚厚的鸟粪，这些鸟粪厚达 10 米，成为瑙鲁重要的经济来源，通过卖鸟粪瑙鲁人都变成了富翁。

除了企鹅不擅长飞行以外，大多数海鸟都是飞行健将，有时候在捕食过程中，这些海鸟可以从高空向下俯冲几百米钻入海中，犹如一枚发射的炮弹一样灵巧，这种飞行的秘诀，得益于海鸟已经退化成外鼻孔的鼻子。

要说潜水最厉害的海鸟还要数短翅膀的企鹅，虽然企鹅不会飞，走起来也是摇摇晃晃的，可一到水里便能潜到几百米深的地方，这是其他海鸟比不了的。还有一种名叫威尔逊海燕的海鸟，可以飞行 500 万多米去繁殖，这种非凡的飞翔本领真让人瞠目结舌，究竟是什么原因让它具有这样超强的本领，目前还没有答案。

❖ 信天翁

■ Part4 第四章

那些熟悉的**海鸟**

海鸟这一物种最初出现于白垩纪，距今有近亿年，但是与现代海鸟的关系并不大。若要论及现代海鸟的远祖，则可以追溯至古近纪，距今也已有数千万年。

海燕

海燕曾被苏联大文豪高尔基热情赞扬过，那首以海燕为题的诗歌传入中国后也广为传颂，这种灰色不起眼的海鸟以它不惧风雨雷电的飞行习性成了坚忍不拔的象征。海燕是一种很常见的海鸟，跟信天翁的样子差不多，分布在世界各大洋，数量很多。

❖ 鹈鹕

鹈鹕

鹈鹕是目前鸟类中体型最大的一个，有13千克重，身体长度可达180厘米，在全世界的河流湖泊都有分布。我国主要有两种：一种是斑嘴鹈鹕，嘴上有蓝色斑点；另一种是白鹈鹕，上身灰色，下身雪白。鹈鹕在繁殖期会发出沙哑的嘶嘶声，冬季会迁徙到南方，以捕鱼为生。

❖ 军舰鸟

军舰鸟

军舰鸟全身羽毛乌黑有光泽，有鲜红色的喉囊。军舰鸟白天会飞翔在大海上空，它们拥有超凡的飞行能力，经常在空中抢夺其他海鸟的食物，所以又被叫作"海盗鸟"。由于军舰鸟这种掠夺的特性，科学家给它起名 frigate bird，frigate 一词有护卫船之意，所以人们就简称这种鸟为军舰鸟。

在我国境内有三种军舰鸟，分布最广的是小军舰鸟，它们生活在我国的海南岛附近。大军舰鸟在我国境内很少出现，它们多数生活在大西洋里的森松岛。除了生活在我国的小军舰鸟和生活在森松岛的大军舰鸟，还有一种最珍贵的白腹军舰鸟。这种军舰鸟生活在印度洋的圣诞岛屿，偶尔也会飞到我国的南海，被我国列为一级重点保护动物。

海鸥

海鸥是人们最熟悉的海鸟之一，它们经常出现在海岸边，盘旋在船只或是海面的上空。有时候它们会像箭一样冲向海面，捕捉海里的鱼类，有时候它们又会在低空飞翔，在水面上游泳、觅食。

因为海鸥总是在海边捕捉鱼类，所以渔民经常会根据海鸥的指示撒网捕鱼。除此之外，海鸥还是海上航行的"预报员"，经验丰富的海员会根据海鸥降落的地方，辨别出哪里是浅滩、岩石或暗礁降低了触礁的概率。尤其是在大雾弥漫的天气，航行的船只可以根据海鸥飞行的方向在迷雾中找到港口的位置。

知识小链接

海鸥身姿矫健，腹部的羽毛像雪一样晶莹洁白，因此惹人喜爱。20世纪中叶，欧美的贵族妇女都喜欢用海鸥的白羽毛装饰帽子，海鸥因此成了猎人们争相捕猎的对象，几乎到了濒临绝种的境地。英国几位生物研究所的女研究员为此发起了保护海鸥的呼吁，逐渐得到上流社会开明妇女的支持，最终才让海鸥家族幸免于难。

Part4 第四章

茂密的海草

　　我们将海里的植物称为海草。海草种类非常丰富，有很多都是我们餐桌上常见的佳肴，这些海草不但味道鲜美，而且富含丰富的营养物质。除了这些可以食用的海草外，海里还有很多种海草。

大部分海草的叶片都呈带状，样子差不多，在热带和温带的海域里广为分布。大部分海草都分布在浅海和大洋的表层，即在距离海面几十米的海中生活。不过也不是所有的海草都生活在海中同一个深度里，有些只在水深2米以内的海域里生活。在我国的海南岛沿岸就常常能见到一种一年生的草本植物草菖蒲，这种海草就只能生活在水深1米之内的海域里，是海草中唯一一

❖ 海草

个仍能保持空气授粉的种类。大部分海草都是以水为媒介授粉的，如泰莱草和二药草。

　　海草是许多鱼类和无脊椎动物的集聚地，沿海的潮下带通常都生长着大片的海草草场，海草的产量很高，目前已知的海草种类有49种，分属12个科属，我国有9属，这些海草具有重要的生态价值，同红树林和珊瑚礁一样都是海洋的生物基因库。

无尽的海洋世界

❖ 海草

很多海洋生物如鱼、虾和蟹等也都以海草为栖息地，有些浮游生物也生活在海草中，这些海草不但是这些动物的居所，还为它们提供了保护的屏障，濒临灭绝的儒艮就享受着海草的保护。

别看海草样子纤弱，却有巨大的力量，靠着错综的根基，狂风暴雨中也不能将其动摇。看来海洋中的海草和陆地上的小草一样，都具有"野火烧不尽，春风吹又生"的坚韧特质。

地球上的植物本身就起源于海洋，但海草可是后来又从陆地上转化到海里去的，在它的进化过程中，地位和鲸鱼、海豚一样重要。

有些海草也是开花的，这种海草的根系很发达，可以有效地抵御风浪对海底地质的侵蚀，对海底的动物也能起到保护作用，还能像陆地上的植物一样，吸收二氧化碳，释放出氧气，能够有效地补充海水中的水溶解氧，对于渔业环境的改善有很好的作用。

知识小链接

　　儒艮也被叫作"海牛""海猪""海骆驼"，它们以海草为食物，近似于海豚；有突出的长牙，近似于它的远亲大象，分布范围很广，在印度洋和太平洋都有。由于人类的猎杀和栖息地的减少，儒艮的数量正在减少。儒艮具有 2500 万年的海洋生存史，是珍贵的海洋哺乳动物，对于研究生物进化、动物分类等极具参考价值。

Part4 第四章

勤劳的海中清洁工

海中的动物有懒惰的也有勤劳的，偌大的海底世界是如何打扫卫生的呢？这么巨大的工程又是由谁来完成的？维持海洋环境的功臣就是微生物。

1996 年科学家在马里亚纳海沟查林杰海渊里发现了细菌的痕迹，由此得知海洋中的微生物无处不在，微生物是海洋里的分解者，它们对于保护整个海洋的生态系统有重要的作用，这些微生物看似毫不起眼，却对维持地球的生态平衡至关重要。

微生物存在于各个领域，它们既会出现在辽阔的海洋深处，也会出现在繁华的城市或是偏僻的深山。不要以为细菌都是有害的，很多细菌的秘密可多着呢！

海里的微生物包括细菌、真菌和噬菌体等一切以海洋

❖ 海中微生物

水体为居住环境的微生物，它们是海洋里的分解者，催进了物质的循环，就连海底矿物质和石油、天然气的形成都离不开它们。

海里的微生物并不都是造福人类的，也有一部分对人类会造成一些伤害。例如自养菌，它们是海洋中的生产者，代谢物是氨及硫化氢，在特定环境下可能会毒化养殖环境，给养殖业造成损失。

不过海洋微生物总的作用还是有利的方面更多一些，它们的拮抗作用可以分解和净化各种类型的污染，随着科技的发展，污染日益严重，海洋微生物越来越受到重视，它们对于环境的作用也越来越不容轻视。

与陆地相比，海洋里的环境高盐、高压、低温、稀营养，海洋生物长期在这样的环境中生活，也都变得嗜盐起来。

这些海洋中的微生物离不开海水，海水中所含的盐分和各类微量元素是它们生存和代谢的必需品，离开这些物质，海洋里的微生物就无法生长。

❖ 海中微生物

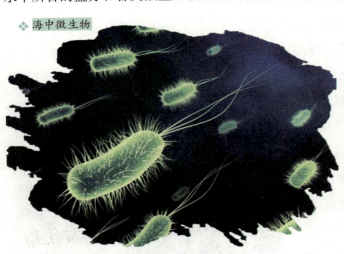

另外，习惯了海水低温的环境，绝大多数微生物都无法适应高温，只要一超过37℃的温度，它们就会停止生长或是死亡，这些喜欢低温环境的微生物被称为嗜冷微生物，最适宜的温度是20℃以下。

极地和高纬度、深海等海域中是嗜冷微生物的分布地，这些微生物对海水温度的反应极为敏感，温度稍微高一点就会影响到它们的生长和代谢。

Part4 第四章

水中发电机

海中的生物各有各的本领，有些会喷出黑色的墨汁用以迷惑对手，如乌贼；还有些遇到危险后会留下自己的肠子，求得逃生的机会，如海参；还有些会通过放电来攻击对于。

在大海里会放电的生物有两种：一个是电鱼，一个是电鳗。光听名字就知道它们不同凡响了，小的电鱼只能发出微弱的电量，电流仅仅够点亮一只袖珍手电筒。成熟后的电鱼发电功率就高得多了，它所发出的电量可以让小型发电机运转几分钟，具有这样的本领主要是因为其身体内的奇特构造，在电鱼的头部两侧，有一个蜂窝状的器官，这个器官里面充满了胶状物和一些列扁形发电片，发电片上布满神经并与脑中的中枢神经线相连，电流在器官的正负极之间流通，只要一碰头的两边就会被电击到。

❀ 电鳗

除了电鱼有发电的本领外，还有一种电鳗也精于此道，它的电流比电鱼还要强，与电鱼不同的是，它的电流是从脊椎通向各神经的，一组组变相的肌肉就是它的发电器。但电鳗发电的时间不长，因为是靠肌肉运动发

❖ 电鳗

电，所以时间一长肌肉就会疲乏无力。

发电最强的海洋生物要属电鳗，它的电流强大得可以击毙一条抹香鲸，虽然从形体上看电鳗比抹香鲸小得多，可是庞大的抹香鲸在小小的电鳗面前也会被

❖ 电鳗

打败。究竟电鳗的电流有多强呢？据科学家实验测定，一只成年的电鳗每次发出的电的电压有 500 伏特，功率能达到 1000 瓦，电鳗每克体重就能发出功率 1 瓦的电，一只大电鳗发起电来，威力还是很大的。除了能发电，在电鳗的尾部还有一个"电眼"，这个电眼就好比雷达，可以捕捉周围物体反射出的电磁波，帮电鳗掌握方向，所以电鳗捕捉动物的时候都会用尾针扫向四周，以便了解周围物体的动向。

知识小链接

既然电鳗有那么强的电流，为什么电不到自己呢？这是因为在电鳗体内有许多所谓的生物电池，这些电池串联或并联在一起，就会把电流分散掉。即使电鳗头尾的电位差达到 750 的时候，通过每个排的电流跟它攻击其他鱼时发出的电流已经差了两个排，电流已经小很多了，所以这时候的电鳗才不会被自己电到。

Part4 第四章

动物的 珊瑚的分类

珊瑚是海里特有的生物，是珊瑚虫群体或骨骼化石。珊瑚从外观形态分为石珊瑚和软珊瑚，从生态角度分为造礁珊瑚和非造礁珊瑚。

所谓造礁珊瑚就是能够造珊瑚礁的珊瑚。造礁珊瑚的种类大概有 600 多种，在珊瑚纲动物中的比例还不到 1%。珊瑚能否造礁区别在于体内是否有虫黄藻。能够造礁的珊瑚软体组织内都有虫黄藻，也叫作石珊瑚，软体组织内没有虫黄藻的是非造礁珊瑚。

珊瑚礁就是由造礁珊瑚建造的，它们色泽艳丽，形态各异，造型美观，有的如同蜂巢，有的如同蘑菇，还有的好像树丛，分布在亚热带和热带的浅水区里，在海面表层七八十米的深处分布。与造礁珊瑚相比，非造礁珊瑚色彩就暗淡得多了，它们都分布在水下 6000 米的地方。

❖ 珊瑚

构成珊瑚的是珊瑚虫，这是一种低等的腔肠动物，由外胚层、中胚层和内胚层构成，顶部有一个口道，可以吞食食物，消化后的残渣也从这个口道排泄出来，是典型的口与肛门不分的生物。

在珊瑚虫的顶部有一圈带有纤毛的触手，这圈触手好像菊花一样围绕着口道，因此俗称"石花"。珊瑚虫里的六放珊瑚呈现蜂窝状、球状、卷心状

❖ 珊瑚

或是叶状，它的触手数为 6 或 6 的倍数。六放珊瑚大多群居生活，少数单体生活的形状呈喇叭状或是杯状。

❖ 珊瑚

除了六放珊瑚，还有八放珊瑚，它的触手为 8 或 8 的倍数，这种珊瑚都是群体生活，大部分形状是掌状或扇状分枝，大小不等，大的有一两米，小的只有几厘米。

虽然珊瑚虫构造简单，只能依靠菊花状的触手捕捉食物，遇到危险的时候，它也有攻守的武器，就是它的刺细胞，这种细胞里有充满液汁的胶囊和螺旋状细丝，需要捕食或是自卫的时候，就会像飞镖一样抛出去，刺中身边游过的动物，然后通过刺细胞里的细丝分泌出的一种毒液将被刺中的动物麻醉或致死。

珊瑚除了可以按触手分类以外，还有软硬之分，软珊瑚身体柔软，大部分分布在热带和亚热带浅海里，也有少数分布在寒带和 8000 米以下的深海，已知的软珊瑚种类有 1000 多种，它们有的呈块状，有的像蘑菇，还有的像树木。在软珊瑚身上有许多钙质骨针，骨针的长度从几十微米到几百微米不等。软珊瑚非常美丽，颜色多样，常见的有红、橙黄、绿、紫、褐等色。

与软珊瑚相比，石珊瑚算是比较硬的珊瑚。软珊瑚摸起来像肉一样柔软，虽然和石珊瑚一样分泌的骨骼都是碳酸钙骨骼，不同的是软珊瑚的骨骼是彼此不相连的小骨针，石珊瑚分泌的骨骼是连续的，新的骨骼连着旧的骨骼，所以很容易连续成一大块，因此摸起来感觉就硬一些。珊瑚幼虫

❖ 珊瑚

从外胚层就开始分泌石灰质，形成基盘。然后从这个基盘长出石灰质的芽孢房，就这样一点点把分泌出的石灰质累积起来，到最后珊瑚骨骼上形成很多小孔，这些孔就是珊瑚虫建造的住宅，我们所见到的美丽的珊瑚就是由这些珊瑚虫堆积出来的，珊瑚一般建造成功只需要 7 天的时间。

❖ 珊瑚

珊瑚虫死后的尸体堆积成了珊瑚，那么活着的珊瑚虫又是怎么生活的呢？珊瑚虫是喜欢吃肉的动物，很多毛类、贝壳类和甲壳类小动物的幼虫都是它的食物。不过这些食物被摄取以后并不能完全支撑珊瑚虫需要的营养，珊瑚虫体内的营养主要来自虫黄藻，虫黄藻是一种长 5～8 微米的单细胞藻类，身体小的只能用显微镜才能看见，我们的一粒米就能有 750～1000 个虫黄藻排列起来那么长，可见它是多么微小，尽管个头不大，但对于珊瑚虫来说，这种虫黄藻的威力可不小。虫黄藻与珊瑚

虫之间并不仅仅是食物的关系，更是互利互惠的关系。珊瑚虫在新陈代谢时会释放大量二氧化碳，这些二氧化碳如果过多就会影响珊瑚虫骨骼的生长，但二氧化碳是虫黄藻进行光合作用的必需品，所以虫黄藻吸收了珊瑚虫排出的二氧化碳来进行光合作用，完成自己的生长。而珊瑚虫因为没有二氧化碳的影响，生长也没了阻碍，同时珊瑚虫的排泄物还是虫黄藻的营养，虫黄藻生长得好了，又为珊瑚虫提供了食物，二者之间的关系真是微妙。

造礁珊瑚之所以只能分布在水下 70～80 米的深度就是因为与之共生的虫黄藻不能够在深海区域里进行光合作用的原因。珊瑚虫虽然被叫作虫，其实算不上是动物，因为它是不能自由游动的，只有少数单体珊瑚能移动。既然珊瑚虫不能动，那么它又是怎样捕食的呢？

❖ 珊瑚

科学家经过研究发现，珊瑚虫捕食的时候是通过纤毛触手扇动水流进入到口里，借机把水中的浮游生物吃掉，有些不能被水流冲进口里的动物，珊瑚虫就会用触手里的毒液将它麻痹后再吃掉。

珊瑚虫进食的时间是不同的，有些在夜间，有些在白天，一般六放珊瑚是在夜间进食，而八放珊瑚则通常是在白天进食。

Part4 第四章

海中的哺乳动物

海里最大的哺乳动物就是鲸鱼。鲸鱼体型庞大，让人觉得很凶猛，其实鲸鱼的性情比起鲨鱼来要柔和得多，脾气也很温顺，虽然把它叫作鲸鱼，它却并不是鱼。

鲸鱼可以分为两种：一种是有牙齿的齿鲸，如抹香鲸；另一种是须鲸，如长须鲸、蓝鲸等。齿鲸以鱼类、海兽等为食，是吃荤腥的鲸鱼，而须鲸则是以藻类、浮游生物等为食的，相对来说吃得比较素。

最大的鲸鱼叫作蓝鲸，虽然叫作蓝鲸，但它并不是蓝色的，蓝鲸背部是青灰色，在水里看颜色会淡一点。

蓝鲸的身躯瘦长，最长的有30.5米，重达130吨，主要吃磷虾和海藻，由于体型过大，所以胃口也大，一顿能吃掉1000千克磷虾，算是海中的大胃王。尽管体型庞大，但蓝鲸多数还是过着群居的生活，几头或几十头一起行动，它们分布在各个海

❖ 鲸鱼

域里，南北半球都能找到它们的足迹。在20世纪30年代曾遭到严重地捕捞，由于蓝鲸一年只生育一次，每次只能产一头幼鲸，所以在频繁的捕捞中，蓝鲸的数量急剧减少，已经到了濒临灭绝的地步。这种巨型动物在人类的捕杀面前，比弱小的动物更加需要保护。

齿鲸的脾气相对要比须鲸暴躁一些，在齿鲸里有一种虎鲸就是著名的"海洋暴君"。它们经常肆意地将包围住的鱼群吞噬掉，虽然个头不算太大，只有 12 米长，9 吨重，但是吃起食物来简直可以用狼吞虎咽来形容，最多的时候，人们曾在它的胃里发现 13 只海豚和 14 只海豹，这个饭量实在大得有点吓人。

知识小链接

蓝鲸分为三种，南蓝鲸分布于南半球，雌性体长 23～24 米，雄性体长 22 米；北蓝鲸分布于北大西洋和北太平洋，雌性体长 21～23 米，雄性体长 20～21 米；小蓝鲸分布于印度洋和东南大西洋的亚南极海域，雌性体长 19 米，雄性体长不足 19 米。最长的一头蓝鲸是 1904～1920 年间在南极海域捕获的一头雌蓝鲸，长 33.58 米，体重 170 吨。

为什么人们要捕杀鲸鱼这种庞然大物呢？这是因为一头鲸鱼几乎就是一座宝矿。它们全身都是宝，除了肉味鲜美、营养丰富外，鲸鱼的油十分昂贵，一头鲸鱼的油能获利几十万美元；富含丰富维生素的保健品鱼肝油就是来自鲸鱼的肝脏；鲸鱼皮是上好的皮革，连鲸鱼肠道里的分泌物都是名贵香料的原料，这种香料叫"龙涎香"，燃烧的时候酷似麝香，香气扑鼻。有这么多供人类获利的资源，难怪人们对于捕猎鲸鱼趋之若鹜。

除了鲸鱼，海里的哺乳动物还有海豹、海狗、海牛和海象等。

海獭也是海洋哺乳动物中的一种，雄性海獭的体长约 1.5 米，重量约 45 千克，雌性的要小一些，只有 33 千克左右，1.39 米长。它们经常几十只或上百只群居在一起生活，以海胆和鲍为食。海獭捕食的时候很有趣，它们从海底捕捉到海胆、鲍后就把食物夹在前肢下，然后找一块大石头，把食物往石头上砸，这样很容易就吃到美味，也算很聪明地利用工具来进食了。海獭皮也是珍贵的毛皮，有毛皮王中之王的美称，它的毛皮厚而密，不吸水，非常保暖，因此成为人类钟爱的用品。

❖ 鲸鱼

Part4 第四章

会救人的海豚

海豚的智商很高，相当于人类7岁儿童的智力，因此被称为"海中的智叟"。海豚是人类的朋友，在海洋中经常发生海豚救人的感人故事。

为什么海豚会救人呢？科学家们为了解开这个谜底对海豚进行了研究，他们将海豚养在水池中观察发现，海豚并不是鱼类，鱼类是靠鳃来呼吸的，而海豚和陆地上的动物一样是依靠肺来呼吸的。它们总会隔一会儿就浮出水面呼吸空气，在训练新出生的海豚宝宝的时候，大海豚会将尾巴上翘，让小海豚在尾巴上呼吸空气，因为这种习惯，所以遇到在水中不太活动的东西它们都会去推或用牙齿咬，有时候人们看到海豚推动人或把落水的人托起的时候会认为它是在救人，其实海豚并没有自发的意愿去救人，这只是一个

❖ 海豚

❖ 海豚

日积月累的本能动作而已。

随着进一步对海豚的观察，科学家们又发现了一些有趣的现象，如果一只小海豚生下来就死去了，海豚妈妈也会像往常一样把它推出海面带它来呼吸空气，这样的事例不止一例，在美国大西洋的海湾里，一只雌海豚

曾经守着已经被鲨鱼咬死的小海豚每天露出海面呼吸空气。甚至有时候它们还会把小虎鲸反复托出水面，这些本能动作最后有可能导致这头小虎鲸的死亡。但这些都不是海豚有意识的行动，只是出于本能而已。

我们对于海豚救人的故事多少赋予一些童话色彩，其实无论是出于何种原因，至少结果总是相同的，即使海豚救人是无意的，仍然无法改变它是人类朋友的事实，因为所有的动物都是人类的朋友，我们共同生活在地球这个家园上就是一家人。

知识小链接

海豚在水中的游动速度很快，每小时可达 40 千米，相当于鱼雷快艇的中等速度。事实上海豚也是鲸家族中的一员，在这个家族里，海豚的种类是最多的，目前已知的就有 30 多种。除了游泳速度很快，海豚的智力还很发达，是非常聪明的动物，它们对待人类总是温顺可亲，从不惧怕，有时候甚至比狗和马对人类的态度更加友好。

Part4 第四章

海豚的方向感

海豚在海里总是能准确地将落水的人救起，它们是怎么判断出落水人的位置的呢？难道是因为海豚的视力非凡吗？当然不是的。

1871 年曾经发生过这样一件事情，"布里尼尔"号船从狭窄的伯罗鲁斯海峡经过时看到船的正前方有一个黑点，是一只大海豚，这只海豚一直在船的前方航向，以往经过这里都小心翼翼的海员此刻都被这只海豚吸引。后来人们发现海豚似乎是在为这艘大船导航，人们试探着跟着这只海豚行进，居然十分顺利地渡过了海峡，激动的海员们为了表达自己对海豚的感激之情，都亲切地称它为"伯罗鲁斯杰克"，这只海豚由此开始了自愿为过往船只导航的工作，直到生命的结束，整整为人类导航了 41 年。

❖ 海豚

1965 年美国进行了一次"锡莱勃"试验，这个试验在水下 60 米深处进行，三组美国潜水员在两周长的时间里一直待在水下，由名叫"塔菲"的海豚来为他们送信、工具和试验用品，保护潜水员不受鲨鱼侵害，并且找到迷路的潜水员，两周后这只海豚出色地完成了邮差的任务，并被推选为美国邮政工人联合会的名誉会员。

海豚能在海里自如地辨别目标，它们究竟依靠的是什么呢？一开始科学家以为海豚拥有一双视力超好的眼睛，但无数次实验的结果表明，海豚识别目标并不是靠眼睛，而是依靠听觉，靠声音找寻方向。这听起来似乎很不可思议，科学家们为此又做了一组实验，将海豚最喜欢吃的两条外表一模一样的石首鱼放在水池里，在鱼的前面用胶合板做一道屏幕，屏幕上开两个窗洞，窗洞上有两块玻璃，石首鱼就被玻璃阻隔在里面，这两块玻璃一块活动的时候另一块就会被遮住，只能有一块玻璃出入，如果海豚是用眼睛寻找石首鱼，那么在同样的玻璃和同样的鱼面前它从两个窗洞中取鱼的概率是相等的，事实上确实海豚只会从敞开的玻璃窗洞里取鱼，没有一次撞到过玻璃，它的听觉对于鱼和玻璃反射的信号是不一样的，所以科学家判断海豚不是依靠视力而是依靠听觉来识别目标的。

知识小链接

科学研究表明海豚的听觉范围介于 16 千赫 ~ 20 千赫之间，因为海豚是依靠"回音定位"，所以人们经常能听到海豚发出的叫声，对于人类来说，海豚之间互通消息的叫声听起来有那么一点"聒噪"，其实如果人类能与海豚沟通，就会获取很多与海洋动物有关的宝贵资料，因为海豚的大脑记忆量和信息处理能力非常强，几乎和灵长类动物不相上下。

❖ 海豚

Part4 第四章

友好的鲸鲨

> 鲸鲨是海洋中的巨鱼，形体庞大的它们总会让人心生畏惧，事实上鲸鲨的性情远比外形柔和得多，是人类友好的朋友。

人类在海里并不经常见到鲸鲨，因为它们主要分布在印度洋的宁加卢礁群岛海域，科学家们为了见到鲸鲨，要特意赶到印度洋去。虽然和人类并不常见，但是鲸鲨对待人类的态度却非常友好，仿佛一见如故的朋友，喜欢和人类亲近。鲸鲨一遇到科学家们，这个庞然大物就主动凑上前来，如果用手触摸它，它还会淘气地翻滚，任凭人们在它厚硬的肌肤上抚摸，仿佛是在享受一种幸福，非常喜悦。有时候科学家抓住它的背脊，它也不发脾气，任由人们和它玩耍，一副很悠闲的样子。深海摄影师常常会在这个时候拍下人与鲸鲨嬉戏的场景，这种场景有时候能持续半个小时。

❖ 鲸鲨

　　当鲸鲨静止的时候，从远处看，巨大的鲸鲨就好像一艘潜水艇。一般鲸鲨的长度是6.5米，体重有8～9吨，这样笨重的身躯能在深海中潜入多深目前还不得而知，不过有一点是可以肯定的，那就是鲸鲨性情温和，尤其是年龄大的鲸鲨更是和善，它们喜欢被人抚摸，虽然鲸鲨幼崽会因为怯生而躲避人类，成年的鲸鲨却非常乐于人类来拜访，每当遇到人类的时候它们都表

❖ 鲸鲨

现得很配合，任由潜水员拍打它们嘴巴下松弛的皮肤，甚至还会张开大嘴，让摄影师进到嘴里拍摄。日本人把鲸鲨当成他们的福神，在日本七大福神中，鲸鲨的名字叫作"惠比兽"，因为认为鲸鲨能带来好运，所以日本人如果在出海中见到一条鲸鲨会非常高兴，认为会交上好运，事实上凡是有鲸鲨出现的地方，渔民大都收获颇丰，这是因为鲸鲨出现的时候海中会有很多浮游生物出现，鱼类为了捕食会大量聚集过来，渔民自然很容易捕捞。

如此善良的动物却依然遭到人类的诱杀，只是因为鲸鲨昂贵的牙齿和丰富的鱼油是人类牟取暴利的源泉。

知识小链接

鲸鲨在越南宗教信仰中被视为神祇，并被称为"鱼先生"。在墨西哥及大部分的中美地区鲸鲨因为它们身上的斑点形状，被称为"多米诺"。巴西人把鲸鲨称为"人心果汤姆"。这主要是因为鲸鲨经常有规律地出现在伯利兹堡礁靠近人心果群岛的海域里。在马达加斯加鲸鲨被称呼为"众多星星"。印度尼西亚的爪哇人则称呼鲸鲨为"背部有星星的鱼"。

Part4 第四章

水中花——海葵

在海洋世界里除了有海草，还有花朵。潜水到西沙群岛的水域中，你会置身于一个开满奇异"菊花"的缤纷世界，这些"菊花"就是海中特有的动物——海葵。

海葵的样子很像陆地上五颜六色的菊花，有丝丝垂下的花瓣，如果在海里看到大片的海葵，会让人误以为见到了一个陆地上的菊花展，这么多美丽的花朵生长在海里真是一种奇观。不过这些看似花一样的东西可不是植物，而是一种名副其实的动物，它们属于腔肠动物家族，因为外

❖ 海葵

表酷似菊花，又叫作"海菊花"。

海葵是和海蜇一样的动物，也属于珊瑚虫的一种，因为触手和内部膈膜都是6的倍数，所以它是属于六放珊瑚虫类。海葵没有骨骼，身体呈圆筒状，身体基部有一个宽扁的基盘，另一端是一个裂缝状的口盘。在口盘附近长有触手，这些触手张开的时候就好像一丝丝的花瓣，收放自如，形态各异，颜

知识小链接

紫点海葵分布在地中海沿岸水深30~50米的水域。它色泽亮丽，足部有橘色圆盘，圆盘上有小红斑点缀着。紫点海葵身体是黄色的，触手短胖，有48条。触手顶端有紫色的小肉突，水色清澈时颜色就很鲜艳，水色混浊时就变得暗淡，喜欢独自生长在软质地上。

色也很艳丽，不仅美观还是捕食和克敌的工具。

海葵有很多种类，全世界大概有一千多个品种，它们大小不一，形态各异，体型也不一样，大的有 30 厘米高，口盘直径约 60 厘米，小的就像米粒大小，只有 0.05 米高，0.2 厘米的口盘直径。这些海葵虽然构造简单，寿命却很长，许多种类都能活上几十年，有的甚至能活上百年。海葵没有腿，不能自由行走，因此常常会借助其他海洋生物来活动，我们常见的海底横行将军螃蟹就经常作为海葵的承载者，带着海葵四处漫步。

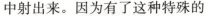
❖ 海葵

海葵看起来十分美丽，因此会吸引人类和海中其他生物的注意，但是在美丽的外表下，却有让人生畏的地方，同珊瑚虫的捕食方式一样，海葵也是用触手来捕食的，这些触手上都带有毒液，海洋生物只要一沾到，就会被麻痹或杀死。看似充满生机的片片花丛却也隐藏着处处杀机，真是个美丽的陷阱啊。

海葵的毒刺并不会一直伸展着，只有捕捉小动物的时候，毒刺才会从囊中射出来。因为有了这种特殊的武器，海葵不但维持了自己的生存，也给其他小动物带来了帮助，海绵、海胆和蛤贝等弱小的动物都跟海葵是长期相互合作和依托的搭档。

❖ 海葵

海葵的毒刺并不会对谁都发射，有时候对于一些相互依存的小动物还特别温顺善良，比如双锯鱼，这种海中的小丑鱼据说非常受海葵喜爱，它们拥有鲜明的彩色条纹，非常绚丽，这种绚丽的颜色博得了海葵的好感，在海葵身边自由出入的双锯鱼是从来不会受到海葵的触手攻击的，甚至还可以居住在海葵的触手里。双锯鱼的活动很有规律，它们会和孩子住在一起，当子女长大后就夫妻俩住在一起。每条双锯鱼离开它们在海葵中的家后，都能准确地找到回家的方向，而海葵也会记住它们的邻居，友善地让它们在自己的触手里出入。要是有不熟悉的鱼进来海葵可就没这么客气了，一定会毫不客气地将它赶走。

❖ 海葵

还有一种小鱼跟海葵的合作也相当好，小鱼进餐的时候总会把残渣留给海葵，海葵也尽力保护小鱼不受伤害，如果遇到其他动物伤害小鱼的时候，海葵会毫不犹豫地用自己的毒刺加入攻击的行列，把敌人击退来保护小鱼的安全。自然界里的这种情况还有很多，这些生物虽然不像人类一样有思想和感情，但是它们的做法却一样充满了人情味，实在非常温馨。

除了和鱼类的这种互助关系外，海葵和寄居蟹的关系更为有趣，寄居蟹用死去的海螺壳作为自己的栖身之地，它们的螺壳上就会附带上两只海葵。对于这样的客人，寄居蟹显得很尊重，总是奉为上宾，遇到乔迁的时候，它们还会把海葵小心地搬下来放在新居上，如同对待贵宾，十分虔诚。这到底是为什么呢？原因很

❖ 海葵

简单，它们之间也是一种依存关系，由于寄居蟹的抵御能力很弱，遇到敌害的时候往往会丧命，自从有了海葵的帮助，每当遇到危险的时候，海葵都会出手相助，用触手把敌人赶跑，有时候还会捕获一些食物供寄居蟹享用。大

❖ 海葵

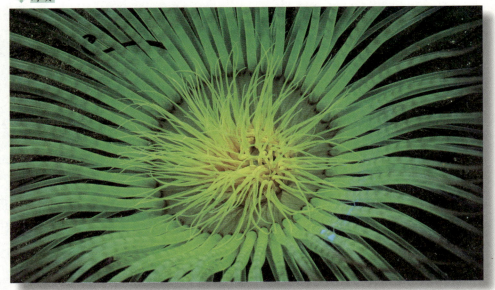

家一起大吃一顿，十分默契。

　　海葵美丽的外观让它具有了很大的观赏价值，因此可以养在水族馆里为生活增加浪漫的情趣。另外海葵还可以入药，用来治疗痔疮。颜色鲜艳的海葵通常都有毒，而且毒性很大，却是很好的良药。有些海葵的提取物能够抵抗白血病，有的还可以抑制肿瘤，对于心脏的收缩也有一定作用。从普通海葵中提取的抗凝血剂的抗凝血效果是肝素的抗凝血效果的 14 倍。经过动物实验结果表明，海葵的毒素对于抗癌有一定疗效，将来也许可以从中提取制成新的抗癌药物。

❖ 海葵

Part4 第四章

墨鱼、枪乌贼、章鱼

墨鱼又叫乌贼，因为擅长吐黑色的墨汁而得名，是人类餐桌上的常客。墨鱼虽然叫作鱼，却不是鱼类，从动物分类上来说，墨鱼属于贝类。

墨鱼的脚长在头部，这和其他动物完全不同。遇到危险的时候墨鱼就会喷出黑色的墨汁，将自己周围的海水染黑，然后在黑幕中逃走。由于黑幕的形状和墨鱼的形体非常相似，所以敌人很难分辨清楚。这种墨汁不但有遮挡作用，还含有毒素，敌人接触后就会被麻痹。黑色的墨汁在海水中可以保持十几分钟后才会散去，这就给了墨鱼足够的逃生时间，无论对手多么勇猛，突然陷入到漆黑一团的海水中也会被弄得晕头转向，往往不能有效追击猎物，这时候墨鱼就趁机溜走了，这一天生的本领帮助墨鱼躲过很多天敌

❖ 墨鱼

❖ 墨鱼

❖ 墨鱼

的追击。

　　除了浅水区以外，深水区也是墨鱼的活动场所，在数百米或是上千米的深海里，也经常有墨鱼的身影。在浅海里墨鱼的墨汁能阻挡敌人的视线，在黝黑的深海里墨汁就起不到作用了，那么墨鱼在深海里如何逃生呢？墨鱼的墨汁是会变的，在深海里喷出来的墨汁会含有发光的细菌，这些放光细菌一接触海水，马上就变得明亮起来，仿佛荧光发亮的烟雾一样，照得敌人眼花缭乱，在这样的强光下，墨鱼自然又可以轻易逃生了。所以无论是在浅海还是在深海，墨鱼都可以依靠它的墨汁所向无敌。

　　除了墨鱼以外，头足类动物还有鱿鱼和枪乌贼。枪乌贼的眼睛没有孔，只能闭着眼睛，所以属于闭眼族，而鱿鱼恰恰相反，是开眼族里的一员。枪乌贼的整体就像一个标枪枪头，末端尖形，躯干狭长，因此得名。同枪乌贼相比，鱿鱼的身体长度要长很多。

枪乌贼生活在靠近岸边的海域里，春天的时候会在海边产下一团团胶棒状透明胶纸鞘包裹的卵，好像一朵朵盛开的白花，非常好看。

章鱼又叫八爪鱼，因为有八只长长的脚而得名，它的每只脚上都有吸盘，体内有带毒素的墨囊，当墨囊里的墨汁喷出来的时候章鱼自己会迅速隐蔽起来。很多科

❖ 墨鱼

幻电影里将章鱼描述成巨大的八脚怪兽，这大概是章鱼除了外形怪异以外，身体也很巨大的原因。在北太平洋有种大章鱼体型非常大，当它的腕足都伸开的时候长达 9 米。还有一种大乌贼王体型更大，重量可以达到 3 吨多，腕足伸开后有十几米长，这样的外表和电影里所描述的章鱼怪几乎相差不二。

章鱼和其他头足类动物在海洋中生活的时间非常悠久，它们最初属于鹦鹉螺类，有外壳，后来随着数亿年的演化，外壳逐渐变成了内壳，又变成内鞘，最后成了今天的章鱼、墨鱼和鱿鱼。

知识小链接

　　船蛸也是头足动物的一种，它与章鱼是近亲，也有八只脚，生活在温带海洋的开放水域，有像纸一样薄的外壳，因为外壳像小船，所以水手们就用希腊神话里的英雄阿尔戈的名字给它命名。船蛸的变色能力很强，可以随着周围的环境变成红、黄、绿、紫、蓝、褐色和黑、白、灰、银色，简直就是水中的变色龙。

多种多样的螺贝

海洋中的贝类很多，我们常常见到的贝壳有扇形的也有海螺状的，这些海螺状的贝壳就来自于螺贝。

螺贝是一种软体动物目前世界上的软体动物有 11.5 万种以上，包括 3.5 万种化石种类。

软体动物是动物界中的第二大种类，仅次于节肢动物，我们常见的牡蛎、乌贼、贻贝和各种海螺，都是软体动物中的一员。软体动物共分为五个纲，分别是双神经纲、头足纲、腹足纲、掘足纲和双壳纲。其中头足纲、双壳纲和腹足纲的动物是渔业中接触较多的。

❖ 螺贝

软体动物的数量很庞大，分布在世界各个淡水水域中，虽然形态各有不同，但是基本的构造都是一样的，它们都有柔软的身躯，有的分节，有的假分节，由头、足、躯干、贝壳和外套膜五部分组成。虽然跟鱼类的样子差别很大，但和鱼类有共同的特点，都是用鳃呼吸。软体动物爬行或是挖洞依靠腹部或头部的强健的足肌肉，在心脏外面有两片肌肉质的叶子，内脏囊就被包裹在里面，这层肌肉质的叶子可以分泌出碳酸钙和有机物，用来保护软体动物的身体，这就是贝壳。我们所见到的珍珠也是由这种方式形成的，当外界的杂质进入到外套膜里，被外套膜层层包裹起来，那些分泌出的碳酸钙和有机物就形成了野生珍珠。现在人工养殖珍珠的地区就是通过这种方式在母蚌的触脚切开一条缝隙，然后放进一颗小珠子，渐渐的母蚌就会分泌出碳酸钙将这粒杂质包裹成一粒圆形的珍珠。

软体动物除了在养殖业中可以见到，在渔业捕捞中更是常见，这些跟渔业密切关联的动物就是软体动物中的头足纲、双壳纲和腹足纲的动物。

属于头足纲的如章鱼、乌贼等，这些动物没有钙质的贝壳，只有并不发达的身体内壳。

双壳纲的动物就是有两片贝壳的牡蛎、扇贝、毛蚶等，这些动物身体扁平，左右对称，两片贝壳和外套膜包裹着内脏囊，因为鳃很发达，形状呈瓣状，所以又叫瓣鳃动物。

❖ 螺贝

❖ 螺贝

腹足纲动物的足很发达，是主要的爬行工具，位于身体的腹面，与双壳纲动物的不同之处在于它们的外壳是螺旋形的，而不是两片贝壳，外套膜也不是两片的，而是像一个口袋，套在身体上，这类动物又被称为螺类，如红螺、枣螺等，它们身体内的器官是不对称的。

海螺和贝壳类都是人类餐桌上的美味，但海中最美味的"海味之王"则非鲍鱼莫属。鲍鱼也是腹足纲动物中的一种，它们吸附在岩石上，盐度高、风浪大、水质清新的地方是它们最喜欢的栖

❖ 螺贝

息场所，鲍鱼在我国的沿海地区都有分布，以海带、海藻为食。

　　双壳纲和腹足纲给人类贡献了不少的海中美味，不但是人们喜爱的美味，也可以作为诱饵来捕捉其他鱼类和陆地动物。

　　除了可以食用外，软体动物的外壳也具有很高的观赏价值，夏日的海滩上人们常常漫步海边，找寻散落在海边的贝壳，五色斑斓的贝壳为大人和孩子所喜爱。作为一种装饰品，海螺还可以驱邪避灾，在古代只有富有的人才可以用贝壳做陪葬，可见贝壳在当时的地位。人类最初的货币中也有一种是用贝壳来做交换或买卖的媒介的。有些专门的贝壳收藏者会将贝壳世代珍藏，日本就有一座专门的贝壳博物馆，这里收藏的贝壳有十多万枚，吸引了众多的观赏和游览者前往。

知识小链接

　　鲍鱼是中国传统的名贵食材，居四大海味之首。它只有半面外壳，壳坚硬厚实，扁而宽。除了是餐桌上的佳肴，味道鲜美以外，鲍鱼还是著名的中药，有明目的功效，在中药中被称作"石决明"。全世界的鲍鱼大约有90种，在太平洋和大西洋。印度洋等地分布。我国的人工鲍鱼主要养殖在山东、广东、辽宁等地。

Part4 第四章

海鸟的优势何在

海鸟拥有广阔的生活天地，它们在陆地筑巢，在海中游泳，在水面捕食，海陆空无处不见它们的身影。

能在大海上飞行的不一定都是真正的海鸟，大洋性的海鸟才算是真正的海鸟，如海燕、信天翁等。这些海鸟总是生活在距离海岸40海里以内的沿海，它们常年飞翔在海上，早已经习惯了惊涛骇浪的生活，对海上各种环境都习以为常，只有在繁殖的季节里它们才会到陆地上，这样的海鸟在全世界大概有150种左右。

因为长期在海上飞行，海鸟都具有极好的飞翔能力，它们能从两万海里以外迁徙到南极圈去繁殖。有一种叫鹬的海鸟生活在北冰洋沿岸，它们的飞行能力更是惊人，是飞行距离最长的海鸟，从南极岛向北极往返，足足可以飞行4万千米，绝对是海鸟界的飞行冠军。

❖ 金丝燕

不过也有些不会飞的海鸟，这些海鸟因为生存环境的缘故，慢慢改变了身体结构，翅膀的作用渐渐减退，逐渐不能飞行。生活在南极的企鹅就是这样的海鸟，它们生活的地区十分寒冷，气温在零下60℃左右，为了抵御寒冷，企鹅的皮下有一层厚厚的脂肪，非常保暖，它们的翅膀也退化成了短短

的鳍状，成为在海中游泳的海鸟健将。企鹅总是成千上万只群居在一起，共同对抗严寒的环境。成片的企鹅晃动着小翅膀，如同一个个不倒翁在南极的冰原上行走，非常有趣。

❖ 信天翁

还有一种非常珍贵的海鸟叫作绵凫，它的绒毛柔软又暖和，每当孵卵的时候，绵凫就会拔下身上的绒毛铺垫在巢里，这些绒毛既不黏也不潮湿，是做棉大衣的佳品。因为拥有轻巧保暖的羽毛，人们开始学着饲养绵凫来创造经济价值。还有一种更出名的珍贵海鸟，说起它的名字或许不是人人都知道，但它的巢却是大大有名。这种海鸟名叫金丝燕，它们用唾液筑巢，这些巢就是补养佳品——燕窝。

海鸟总是群居在一起，建立巢穴，繁殖后代，所以一旦一个小岛上有一只海鸟生活，很可能会聚集成千上万的海鸟来筑巢。在秘鲁的岛屿上，就有很多海鸟栖息，遍地都能看到海鸟蛋，因为过于集中所以常常成为重点的捕猎地区。

海鸟的粪便是天然的肥料，海鸟粪经过风化后成为含磷量很高的磷矿，为拥有这些资源的国家带来了滚滚财富。

有时候海鸟的捕食会对渔业产生一定危害，养殖的鱼虾也有可能成为它们的美餐，所以在保护海鸟的同时，也要防止它对渔业的破坏。

知识小链接

燕窝是金丝燕的巢，又称燕菜、燕根、燕蔬菜。按照修筑的地方不同有"屋燕"及"洞燕"之分，从颜色上又分为白燕、血燕，除了是滋补的药材，有补肺养阴的功效以外，燕窝还是女士们喜爱的美容佳品，在我国和东南亚一带流行以燕窝做补品。我国的海南岛及南海诸岛等都有出产。

最长寿的海中生物

　　说起海中最长寿的生物人们一定会想到海龟，的确，龟一直都是长寿的标志，尤其是在日本，龟更是被当作吉祥长寿的象征。不过海中的老寿星并不是海龟，比海龟长寿的是一种有海中活化石之称的动物——舌形贝。

　　"舌形贝"听起来有点陌生，其实大家对我并不陌生，海边的沙滩上经常能见到一种好像黄豆芽一样的小动物，这个就是舌形贝。

　　舌形贝的历史是所有最长寿的属里最长的一个了，大约有 4.5 亿年的历史。

　　舌形贝就好像一颗黄豆，上部分是椭圆形的，下部分有一条可伸缩的肉茎，就好像一颗刚长好的豆芽，所以俗称"海豆芽"。

❖ 舌形贝

　　舌形贝虽然也有两片贝壳，它可不是贝类，而是腕足类里的一员。它的构造很简单，肌肉却很发达，有开肌、闭肌、侧动肌、前伸缩肌、后伸缩肌等 5 对半肌肉。借助这些肌肉，它的肉茎可以自由伸缩，只要有点风吹草动，它就会紧闭在双壳里一动不动，等到风声过了才会小心翼翼地探出头来。舌形贝大概是因为胆小的缘故，一生几乎都生活在洞穴里，用穴居方式来保护自己，或许也正因为这种与世无争的态度，才让它在生存的竞争中存活下来。

无尽的海洋世界

❖ 舌形贝

舌形贝生存了 4.5 亿年，历经地球三次沧桑变迁，多少赫赫有名的物种都销声匿迹了，只有一直默默无闻的它顽强地生存了下来，或许低调也是一种生存的态度。这位海中的老寿星比起恐龙等强悍的动物来说，实在是太微不足道了，究竟是什么原因让它能够逃过几次浩劫延续到今天呢？这个问题至今还没有人能给出答案，或许留有悬念更能引发人们对舌形贝的好奇之心吧。

世界上的生物都是在慢慢进化的，从低级到高级是生物进化的必经过程，但是舌形贝似乎打破了达尔文进化论的观点。在长达 4.5 亿年的时间里，舌形贝几乎没有什么显著变化，难道舌形贝真的是生物进化中的异类吗？关于这一现象科学家持两种观点，欧美的学者认为这违反了达尔文进化论，是一种挑战，而另一部分学者则认为舌形贝是符合达尔文进化论的思路的，因为它一直在变化，从远古到现在舌

知识小链接

舌形贝最早起源于寒武纪以前，主要是无铰小腕足类，大多生活在多泥、缺氧的半咸水中。小舌形贝化石外形和构造上都与现代海豆芽属类似。是武纪腕足动物群的重要成员。舌形贝是能为人类提供环境信息的有用化石，除了小舌形贝，还有鳞舌形贝也是寒武纪的化石，形态更像泪滴。

形贝的软体组织已经发生了很大变化，虽然这一观点现在还不能被证实，不过从舌形贝 4.5 亿年不变的体型来看或许正是因为它已经适应了环境，所以才没有灭亡。

Part4 第四章

横行的螃蟹

蟹是我们常见的海洋生物，它有两只大钳子，还有一双绿豆大的小眼睛，在夏天的海滩边总能见到蟹类横行的身影。

别看蟹的眼睛小，它的视角可十分辽阔，能达到180°。蟹不仅有超凡的眼力，在其他方面也有别的海洋生物无法相比的特征。它可以随意改变自己的呼吸系统，因此无论是在水里还是在水下或是在泥沙中都可以呼吸，这种特征让它具有很强的适应环境的能力。除此之外，为了保护自己蟹类还能通过改变身体的颜色来迷惑敌人的视线。如果这些方法都失效了，蟹还有一个绝招，就是折断肢体，巧妙逃生，当然，折断的肢体很快又会重生。想不到吧，这个看起来有点笨的十足目动物还有这么灵

❖ 螃蟹

巧的一面。在十足目动物中，蟹是十足的甲壳动物的俗称，除了蟹类以外，小虾、龙虾、寄居蟹都属于十足目。

蟹类的大小千差万别，最大的蜘蛛蟹脚伸开有1.5米长，而最小的豆蟹只有6毫米。这些蟹类无论大小都在十肢间有预先长好的断线，蟹类逃生的时候肢体就是从这里断开的。蟹肢内部有一种将神经和血管完全封闭的膜，就好像一个门一样，当遇到鱼类攻击被咬住肢体的时候，蟹类就会立即收缩

❖ 螃蟹

一种特别的肌肉将这条肢体断去，在鱼类关注断肢的时候逃跑。断肢的地方会接受到新的蛋白质的供应，很快又会长出新肢。

除了具有很好的保护能力，蟹类还有很强的繁衍能力，一次可以产卵18.5万枚，最多的时候可以达到100万枚。这些卵不但数量多，孵化时间也很快，几个小时就能够孵出幼体，3个月就能长成大致的蟹形，再经过几个星期的成长海滩上就能见到很多小螃蟹了。之后螃蟹就会一直在海床上生活，以海藻和海草等为食。蟹的十条腿上的细长裂缝与口相通的两条沟是它的两个鳃室，每个鳃室都有6条通道，蟹通过头上毛茸茸的"桨"把水拨进鳃室，副肢还能不断清扫鳃内的杂物。

蟹类的这些特别之处引起

❖ 螃蟹

❖ 螃蟹

了科学家的注意，100多年来很多生物学家致力于对蟹的研究和观察，但目前我们对于蟹类的很多问题还是没找到答案。比如蟹类体内的生物"时钟"：这个时钟会根据蟹所处的环境，出现有规律的蟹壳颜色变化。就拿岸蟹来说，白天的时候岸蟹壳上就分布着红、黑两种色素，

到了晚上，这些颜色就会变浅。还有蟹具有识别方向的能力：它们会利用天体及分析偏振光等方法来决定方向，眼睛也可以伸缩出来，就算有一只眼睛损坏了，还能长出新的，但是如果眼珠和眼柄全部损坏了，就无法再长出新眼了，只能在眼窝里长出一只触角。这些都让人觉得无法理解。生物学家还发现，蟹的动脉血压非常低，只有人类血压的1/20，通常不会有高血压和心脏病，可是有些蟹似乎心脏并不好，在鳃下还另外长了一个辅助心脏，这些可真是奇怪。

知识小链接

蟹类除了可以供人食用外，蟹壳还能提炼工业原料，也可提制葡糖胺。有些蟹类富含蛋白质、微量元素等营养物质，可以滋补身体。蟹还有抗结核作用，中医认为螃蟹有解热毒、养筋活血、通经络、利肢节等功效，对于治疗淤血、损伤、黄疸、腰腿酸痛和风湿性关节炎等疾病都有一定食疗的效果。

Part4 第四章

神秘的**龙虾**

龙虾和普通虾类相比，最明显的就是有两只长长的带刺的大螯。龙虾体型有点像大河虾，全身有坚固的甲壳，看起来十分威武。

龙虾的体长有 50～75 厘米，除了身上有壳以外，头部和胸部还有坚硬的刺棘，好像穿了盔甲的勇士一样，雄赳赳气昂昂的，很威风。别看龙虾外表很唬人，其实并没有什么进攻和防御的能力。

龙虾是一种"性格孤僻"的生物，喜欢独居。然而初冬季节，龙虾会爬到海边的浅滩上，打破独居的状态，紧紧挨在一起，究竟是什么原因让龙虾打破独居的特性汇聚在一起，人类还不得而知。当然，聚集的数量多了就会引来鱼类觅食，这些龙虾自然成了这些鱼类的美餐。

龙虾除了在繁殖期会聚集在一起，待雌虾抱卵后夫妻双方就各奔东西。然而更奇怪的是，在狂风吹起的海上，它们会因为非常紧张而在风暴之后结伴出行。第二只龙虾把长长的须角搭在第一只龙

❖ 龙虾

虾的背上，前足抓住它的身子，然后第三只、第四只龙虾也效仿它们的模样，一只搭着一只，连成一支队伍，就这样勾肩搭背地出发了。后面的龙虾动作都很迅速，好像训练过一样，在领头龙虾的带领下，有条不紊地行进着，沿

途经过龙虾掩蔽所的时候，又会有新的龙虾不断加入，如果遇到了另外一支这样的队伍，它们会很自然地汇聚在一起，变成一条更长的队伍，好像训练有素的军队一样，默契十足。它们就好像结伴去某个地方朝圣一样，不约而同地朝着深海进发。究竟是什么原因让它们产生这样的行为，它们要去深海里做什么，人类还不得而知。生物的习性和行为有时候真的很难理解。

知识小链接

2010 年 7 月 26 日，英国一名渔民在距离东约克郡布里德灵顿大约 10 千米的海域，捕到一只一半身体是红色，另一半身体是黑色的极其罕见的双色龙虾。这只龙虾被送到了北约克郡的斯卡博勒海洋生物中心，经过海洋专家的分析，认为这种双色龙虾出现的概率仅为五千万分之一。

这样的大军虽然成员众多，但在行进当中却不会有任何差错，行进速度也非常快，有时候一夜之间可以前进 12 千米，如果出现掉队的和开小差的会有走在最后的龙虾专门监督管理。如果领头的龙虾走不动了，就会由第二只龙虾来替代它带领大家义无反顾地继续前进，绝不动摇。几个昼夜都不停地行进，直到最后一只龙虾也进入到海底被深邃的海底隐匿。这种有组织、有目的的行为让人瞠目结舌。究竟它们为什么会这样执着地到海底去，那里有什么吸引着它们，去了海底的龙虾是不是还会回来，这些问题都只能在人类心中画上无数问号而无从所知，这或许就是龙虾的秘密吧，究竟什么时候我们才能解开这些秘密，还需要人们不断地研究和探索。

❖ 龙虾

Part4 第四章

海中的五角星——海星

海星也是我们常见的海洋生物，夏天的海滩边常常有人将海星作为装饰品出售，它们的形状就像一个五角星，颜色有蓝色、褐色、红色和黑色，最常见的是红色的海星。

海星既不是贝壳类的生物，也不是软体生物，它属于棘皮动物中的海星纲。海星的身体周围有五条腕，长短相似，大小对称，就好像一个五角星一样，每条腕上都有吸盘。由于这个构造，海星体内的器官也是呈五辐结构的。体盘是五条腕的中心，腹部平坦，背部微微隆起，布满短棘，五条腕上各有一个步带沟，沟里缓缓蠕动着充满液体的管足。这五条步带沟的交会处就是海星的口，别看它平时一动不动，实际上却十分贪婪，贝类、海胆、螃蟹和海葵等都是它的食物。在世界各

❖ 海星

地的浅海底沙地或礁石上，都能见到海星捕食的情景。它们总是慢慢地接近猎物，用腕上的管足将猎物捉住，然后用整个身体把猎物包住，胃里的消化酶就会将猎物溶解然后吸收。

除了有很好的捕猎功能外，海星还有很好的防御功能，如果有人捉住海星的腕足，海星就会将腕足自行切断，然后趁机逃走。这些腕足都具有再生

❖ 海星

功能，切断后还会长出来，不过会比以前略小一些。我们在海滩上有时候会看到一些畸形的海星，就是因为这个原因。

海星的种类有很多，每种海星的移动方式也不同。

❖ 海星

在我国黄海和渤海有一种名叫海盘车的海星，身体是扁平的，呈五角星状，腕部较长，管足上有吸盘。这种海星在移动的时候，就像个撑杆跳高运动员，先用吸盘吸住地面，然后撑起身体翻转，就向前移动了一步，然后继续重复这个动作，一点点向前移动。

还有一种砂海星，身体边缘有镶边，由于腕足较长，它移动的时候总是先把两条腕伸直抬高，然后把其中一条的前端插入沙中，固定好一端后，再伸出另一条让身体慢慢倾倒，就这样好像迈大步一样，通过一伸一抬，再倾倒的三个连续动作向前运动。

瘤海星的体表海棘是粗糙的疣状棘，骨骼比较硬，动作很僵直。它们移动的时候，五条腕足会一起并拢撑起身体，然后向前倾倒，通过不断重复这

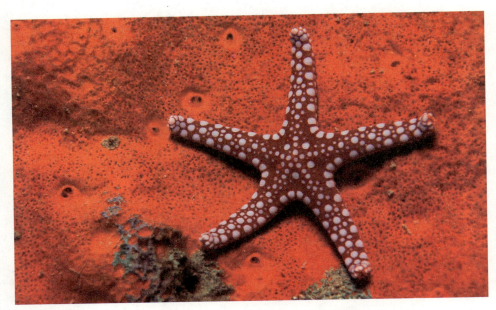

❖ 海星

样的动作来达到前行目的。

　　除了这些海星外还有一种身体会膨胀的面包海星，这种海星移动的时候让一侧身体膨胀，使身体倾斜，然后翻身过去来移动身体。

　　海星虽然看似行动很不方便，动作也缓慢，不过却经常欺负弱小，十分凶残，有时候连自己的同类也不放过。它们的主食对象很多都是经济贝，如海盘车主食牡蛎，瘤海星喜吃海绵，长棘海星专吃珊

知识小链接

　　虽然海星对人工养殖存在危害，但对于环境保护具有重要的作用。通过研究发现，海星的外在骨骼能够吸收海中的碳，从而减少了从海洋进入大气层的碳。这些棘皮动物每年大约能吸收 1 亿吨的碳，减少了温室气体对珊瑚礁和贝类的伤害。海星还有药用价值，它自古就被入药，可治疗胃脘痛、反酸、腹泻、胃溃疡等症状。

瑚。这些海星对于海洋养殖业的破坏很大。虽然具有美丽的外表，但性情却远不如外表温和。为了避免海星对人工养殖贝类和珊瑚礁的破坏，人们正致力于控制这一肉食动物的生长。

Part4 第四章

古老的生物——八目鳗

在海中有一种个头不大，浑身被黏液包裹的生物，名字叫八目鳗，这是一种表面没有鳞片的海鳗，有无颚类"活化石"之称。

八目鳗之所以有这样的名字是因为它的形象，在它眼睛后面有7排并列的鳃，猛一看就好像长了八只眼睛一样，学者们则习惯称之为七鳃鳗，这一名字自然是源于它身体上的那7排并列的鳃。

八目鳗进食的时候只能靠吸盘口进食，一条成年的八目鳗的吸盘口里有一圈圈附着的牙齿，非常坚硬。每当发现食物的时候，八目鳗就会把吸盘对着猎物的身体，然后用口腔里的牙齿来刮食鱼肉，吸食鱼血。八目鳗没有颚，生物学家认为这是古代鱼类祖先的明

❖ 八目鳗

显特征之一，因此八目鳗被当作鱼类中的活化石。

八目鳗因为只能靠吸盘内的牙齿猎取食物，所以必须依附比自己庞大的海洋生物存活，因此它是一种寄生鱼类，鲑、鲭、鳕鱼等大鱼都是八目鳗

❖ 八目鳗

的寄生对象。

八目鳗虽然要依靠大鱼寄生，但每年的夏季和秋季却会上溯到河川里产卵，当然，它们还是要跟随它们的寄生体一起才能完成行程。在河川里八目鳗会挑选水深一米左右，多石子的地方产卵，产卵后八目鳗的雌性和雄性都会死去，它们的幼虫叫作沙腔鳗，可以说这些幼虫出生就成了孤儿，想要进食就只能依靠自己。沙腔鳗只有在饥饿的时候才会去捕食浮游的生物来填饱肚子，平时都是潜在河底的泥沙里，靠泥土中的有机物来维持生命，长大以后它们会顺着河流回到海中。

寄生的本能使得八目鳗对于渔业养殖有一定危害。例如，八目鳗如果寄生在一条白鲑身上，就会一直寄生在一个位置，绝不轻易离去，直到这条鱼死去。它们的寄生使得被寄生体受到损害，20世纪20年代的时候，美国大湖里的湖鳟就因为八目鳗的寄生大量死亡，使渔业遭受了重大损失。后来人们将大量化学药品投放在通往大湖地区的河流里，将八目鳗的幼体杀死，才开始重新养殖鲑鱼等鱼种，又经过十几年的努力培育才让这一地区渔业养殖重新恢复了生机。

知识小链接

八目鳗的肉中含有丰富的维生素A，比一般鱼类的含量高出许多，每克约含99IU～980IU（IU为国际单位）。在它的肝、肾、生殖腺和大肠中也含有维生素A，鱼皮中还含有维生素B_1与维生素B_{12}，将其入药可以治疗夜盲症和角膜干燥。综上所述，八目鳗是具有重要经济价值的鱼类，因此也一度遭到滥捕滥杀，在中国八目鳗正面临着绝迹的危机。

Part4 第四章

享受假期的**白鲸**

冰雪融化的季节，白鲸会成群地到它们喜爱的海湾和河口地带开心地度假。每年7月，都是白鲸最愉快的假期。

白鲸会在每年7月左右给自己放个大假，成群结队地出去度假，8月20日以后它们就会结束假期重新返回海洋中过冬。白鲸会怎样安排自己的假期呢？

频繁的远距离通话是它们最大的乐趣。度假中的白鲸会不停地鸣叫，发出各种交谈的声音，有的好像猛兽的吼声，有的像鸟儿的喳喳声，有的好像女人的尖叫，还有的声音会像幼儿哭声，或是铃声，甚至马匹的嘶鸣声，大概就像人类中各种不同声调的人在谈话一样，十分热闹，白鲸可以算是鲸鱼王国里最健谈的鲸了。

在水中蜕皮是白鲸假期中的另一大乐趣。生活在北极冷水中的白鲸一到达海水温暖的度假胜地，就会将身体潜入水底，用石子来摩擦身体，好像在洗澡一样，发出啪嗒啪嗒的声音。还有一部分白鲸则选在浅滩的沙砾上摩擦皮肤，直到全身的老皮肤完全蜕掉，然后整洁的新皮肤就会取代原来的皮肤，变得又美观又舒适。在温暖的海里蜕皮大概就像人类泡温泉一样舒服吧，这可是白鲸的一大享受。

除了度假，温暖的水域也是养育幼儿的好场所。白鲸经常会选在晚春季节交配，

❖ 白鲸

14 个月后将幼鲸带到度假区来出世。皮肤薄嫩的幼鲸是经受不住寒冷的，在温暖的海水里却能快乐地生长。在长达一个月的假期里母鲸会带着幼鲸游泳，等到假期结束的时候，幼鲸的脂肪层已经长厚了，可以抵抗北极海域的严寒。

在度假区里白鲸还可以自由地玩耍嬉戏，它们用宽阔的鲸尾叶突踩水，或是用石头海草作为道具来嬉戏，十分惬意，有时候一大群白鲸会为争抢一条长海草在海里大战，也会有鲸鱼自娱自乐围着一块盆子大的石头闲游上半天，它们还会将石头顶在头上玩耍，或是将石子含在嘴里。这么好的心情胃口自然也差不了，这时候白鲸的食量都很好，它们从不挑食，凡是活的生物都是它们的美食。来度假的白鲸往往会空着肚子来，只为了享受度假区里的美餐，一头成年白鲸一次可以吃掉 27 ～ 45 千克食物，等度假结束的时候，个个吃得肚子滚圆，真是一次集吃、住和娱乐为一体的假期啊，看来白鲸还真是一种懂得享受的鲸鱼。

白鲸之所以能在度假区里过得这么自在惬意，除了这里水温暖和，食物丰富以外，最主要的是这里没有它们的天敌。白鲸的天敌有两种：一种是虎鲸；一种是北极熊。白鲸因为身体肥胖，行动迟缓，经常是虎鲸和北极熊的盘中餐，远离了北极的海域，这两种天敌都不会再出现，白鲸自然也就无所顾忌地可以尽情享乐了。度假区的浅水让身躯庞大的虎鲸根本无法进入，而北极熊也无法在温暖的环境里诱捕白鲸。这片度假区成了白鲸最安全的地方，难怪白鲸会放心把幼鲸带到这里，还那么轻松地在海里游玩呢，看来没有压力的时候心情想不放松也难啊！

❖ 白鲸

第五章
开发利用

　　海洋资源丰富，无论是风能、水能还是丰富的矿产和海洋生物，善加利用都会为人类造福。如何开发海洋能源，让它为人类带来福利，先要从了解海洋资源开始，究竟大海有哪些资源呢？

Part5 第五章

海洋中的**石油**

海洋中蕴含有丰富的石油和天然气，随着科学技术的进步，1947年美国率先尝试在海上开采石油，随后世界各国都投入到了海洋油田的开发中。目前我国的海上油田开发工作已经取得了较大的成果。

石油主要产在大陆架及其临近的地区，储量十分丰富。波斯湾的大陆架有大规模的石油开采地区，目前这一地区开采的石油已经成了满足全世界石油需求的主要地区。仅次于波斯湾的是欧洲西北部的北海，这里的海洋石油产量居世界第二。居世界第三位的海洋石油开采地是委内瑞拉的马拉开波湖。美国与墨西哥之间的墨西哥湾和中国的黄海、渤海、东海等近海也都有非常丰富的石油资源。

❖ 石油

美国在1897年就采用木质钻井平台在浅海开采石油。1924年苏联在里海沙滩上也竖起了采井架，开始了对石油的开采。到了20世纪40年代中期，现代海上石油井架被广泛使用，并有效地开始了开采工作。真正的海底油井是1946年美国人在墨西哥湾建立的钻井平台。

中国物产丰富，石油储量也很多，在我国30多个大型的海底沉积盆地中，已经探明有油气储量的总面积达127万平方千米，渤海海盆、北黄海海盆和南黄海海盆都有石油储藏。不仅如此，临近我国的海域里有42%都含有石油和天然气，尤其是南沙群岛等海域的石油储量多达350亿吨，天然气储量达8万亿～10万亿立方米，这样巨大的储藏量将成为我国重要的资源。而如此丰富的储量也让外界认为我国很可能成为第二个波斯湾。

除了石油钻井，世界上还有很多海上石油城，这些钻井分属于上百个国家，一座座耸立在海上，犹如擎天立柱一般

知识小链接

石油具有特殊气味，可以燃烧，主要成分是碳氢化合物和各种烷烃、环烷烃、芳香烃。石油是世界上最重要的动力燃料与化工原料，又被称为"黑色金子"。除了黑色，石油还有红、金黄、墨绿、褐红等颜色，甚至还有透明的石油。颜色越深的石油中胶质、沥青质含量越高。油质好的石油一般颜色都比较浅。

世界上主要的油田有600余口，已经探明的大型油气田有70多个，其中超大型的有10个，大型的有4个，全世界11个年产量超过1000万吨的油田在沙特阿拉伯和委内瑞拉，美国占有大部分。

最深的石油井有7613米深，石油平台大约深300米，石油井最远的离岸有500千米远，目前由于人们对石油的需求越来越大，海上的石油城仍然在不断增加，石油和天然气的产量也在增加。

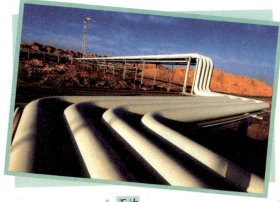

❖ 石油

Part5 第五章

可以燃烧的冰

除了石油和天然气可以燃烧，有些冰也是可以燃烧的，这是一种新型的矿藏，广泛地分布在海底，这种天然气水合物的外表和冰非常相似，都是白色的固态晶体。

可燃冰的分子结构像一个灯笼，对气体具有极强的吸附能力，当它吸附的气体达到一定数量的时候，就可以成为一种能源被利用了。可燃冰之所以可以燃烧是因为在它的成分里有90％是甲烷，其余是乙烷、乙炔等，这些可燃烧的气体分子在压缩状态下呈现出固体结晶状。这种可燃冰或许可以成为新型的能源，目前多个国家正在研究可燃冰的开发。

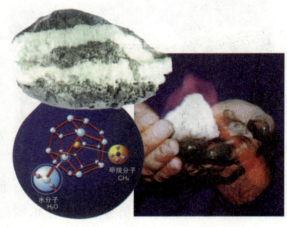

对于可燃冰的形成，一种意见认为可燃冰不同于天然气，它并不像天然气一样是生物遗体经过一定的地质年代形成的，很可能是在几十亿年前在深海中处于游离状态的甲烷与水结晶而成。无论它的成因如何，可燃冰的存在还是让世界各国对可燃冰能源的开发产生了浓厚的兴趣，并已经探明可燃冰在海洋中存在很普遍，储量几乎是陆地石油资源总和的上百倍，如此规模的储量让各国科研人员充满兴趣。

俄罗斯首开先河对可燃冰的开采进行了尝试，并且取得了实验的成功，

他们将实验地点选在了西伯利亚的梅索亚哈气田。目前俄罗斯开采的可燃冰已经将近30亿立方米。这一举动无疑为人类对可燃冰的开发开启了一个新的时代。

知识小链接

可燃冰的储量虽然庞大，可是开采起来并不容易，如果真的将海底的可燃冰资源开采出来，不但可以缓解日趋匮乏的陆地资源危机，甚至可以给人类提供1000年的使用保障。如果开采不当，它从海底到海面的过程中甲烷可能挥发殆尽，严重危害大气。另外，陆缘海边的可燃冰开采起来十分困难，一旦发生井喷事故，就会造成海啸、海底滑坡、海水毒化等灾害。

Part5 第五章

大海中的珍贵矿产

大海中有许多珍贵矿产，除了石油和天然气等可燃烧物外，还有很多工业和医药领域的重要原料，并且含量极高。

铀是重要的天然放射性元素，也是最重要的核燃料。在海洋中铀的分布并不均匀，在印度洋中铀含量最多的地方是在水下 1000 ～ 1200 米的地方，而大西洋和太平洋底的铀则在水下 1000 米处含量最高。海洋生物中也含有铀，浮游植物中的铀含量是浮游动物的 2 ～ 3 倍。这些分布不均的铀开发起来有一定难度，还需要科学家来想出好的对策。

溴具有镇静作用，是组成抗菌药物的重要元素，因此被广泛应用于医药领域。大海中溴的总含量达 95 亿吨，平均每升海水中就含有 67 毫克溴。

金刚石又称为金刚钻，加工完成的金刚石叫作钻石。在陆

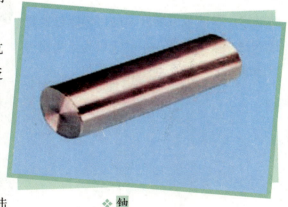

❖ 铀

地上，非洲大陆是金刚石的故乡，尤其是南非和刚果金刚石产量极高。大海中也同样蕴含有丰富的金刚石矿藏，在非洲纳米比亚的奥兰治河口到安哥拉的沿岸和大陆架区里金刚石的总储量有 4000 万克拉，尤其是奥兰治河口北面有一条长 270 千米、宽 75 千米的金刚石沉积地带，这里的金刚石沉积物厚度有 0.1 ～ 3.7 米，储量达到 2100 万克拉，金刚石的含量达每平方米 0.31 克

拉。由于奥兰治河流经含金刚石的岩石区，把风化的金刚石碎屑带到沿岸的沉积物中，所以形成了丰富的金刚石砂矿。

❖ 铀

海绿石颜色艳丽，形态各异，有浅绿色、深绿色和黄绿色；形状有球状、粒状和列片状。海底100～500米的地方有大量海绿石存在。海绿石是做钾肥的原料；纯净的海绿石还可以做颜料和硬水软化剂。

钴的化学性质有点像钛，可以用来制作耐热合金，也是制作瓷器上蓝色颜料的主要成分。在工业上钴主要用于制作合金，使用钴合金焊在零件表面，可以提高零件的使用寿命。在医疗上，钴还可以代替镭来治疗恶性肿瘤。1981年，在美国和德国的夏威夷以南的海底发现钴矿和溴矿。各大洋底都蕴藏着不同程度的钴矿，仅美国西海岸的海域里钴矿的蕴含量就有4000万吨。这些丰富的矿藏如果开发利用得当，将会大大地造福人类。

锰结核也是海中的重要矿藏之一，世界大洋中的锰结核总储量有3万亿吨，仅在太平洋中的锰结核储量就有1.7万亿吨。如果把海洋中蕴含的锰结核都开发出来，锰结核中所富含的锰、铜、铁、镍、钴等76种金属元素，都将大大地造福人类，仅仅是锰这一种元素，就能让人类使用3.33万年，其他几种元素的含量也足够人类使用成百年到上万年之久。最令人欣慰的是，锰结核的储量还在大力递增，每年的增长量约为1000万吨，如果将这些能源开发利用好，就会缓解陆地矿藏日渐短缺的危机。

❖ 铀

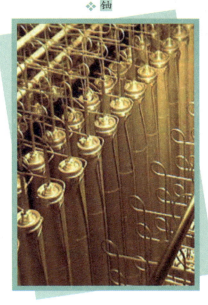

热液矿藏富含铜、铁、钼、钮、银、锌、镉等元素。1981年被美国科技工作者

在太平洋东部的厄瓜多尔海域底部发现，这条巨型的矿藏有 1000 米长，218 米宽，位于海底 2400 米深处，储存量高达 2500 万吨。这一矿藏一经发现就吸引了全球地质学家的注意，经过大量分析，可以断定这条矿藏对人类将会做出巨大的贡献，这是地质发现的一大惊喜。

海洋当中如此丰富的矿产资源，不但功能多样，储量丰富，而且还将解决陆地上的能源危机，不得不感叹海洋的神奇。未来的世界里，海洋矿藏或许将会被作为更主要资源来开发和利用，这些都有赖于科学技术的发达和科学家的发现。

知识小链接

金刚石就是钻石，它是自然界中最坚硬的物质，可以用于制作工业中的高硬切割工具和各类钻头、拉丝模，还能被作为很多精密仪器的部件。金刚石有多种颜色，从无色到黑色都有，无色的金刚石的质地是最好的，由于它的折射率非常高，色散性能也很强，所以能够发出璀璨的光芒。加热到 1000℃时，它会变成石墨。

❖ 铀

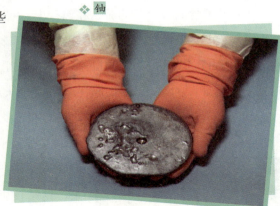

冰山——淡水宝库

> 地球上的淡水资源十分有限，人们在号召节水的同时也在寻找新的淡水水源。冰山蕴含丰富的淡水，可以作为下一个淡水之源。

冰山有很多，仅南极洲和北冰洋的冰山覆盖面积就相当可观，利用冰山作为淡水资源不失为一个好方法，但是冰山巨大而光滑，如何运输是个不小的难题。运输冰山要尽量选择形状好搬运的，南极的冰山有圆顶形、台状形、倾斜形和易碎形几种。一旦选取的冰山不当，不但不能达到运输目的，还会徒劳无功。选择冰山应以中等的最为适宜。另外运送冰山的工具也不容易选择，这些冰山大多高达数百米，有的甚至有上千米高，体积庞大，重量十分惊人。选择什么工具来运输又是一大难题，比如要考虑运送的船只马力需要多大，就算克服了这些困难，航船运送起冰山来速度也会很缓慢。这些因素都限制冰山的运输，最好能让冰山自己漂移。

❖ 冰山

科学家也正有这个设想，如果能让冰山自己移动到指定地点，那运输的难题就都解决了。美国科学家科纳尔认为，如果使冰山与周围海之间产生一定温差，冰山就可以移动了。至于如何让海水与冰山产生温差，则只需要在

◆冰山

冰山一端装上一个蒸汽机涡轮机推进器就行了。由于冰山下的海水温度比冰山要高十几摄氏度，这样的温度很容易产生气体氟利昂，空气受热膨胀起来产生的压力会将发动机带动起来，冰山就可以自己活动了。这样运送冰山将容易得多。

这种方法虽然很好，但是怎样让冰山在运送过程中尤其是经过炎热的赤道附近时不融化呢，如果冰山因为气温过高融化后就会和海水混合在一起，那么运送冰山的种种努力就会功亏一篑。对此科学家也提出了一个解决的办法，在冰山表面披上一层涂有散热降温作用的药物的塑料薄膜，有了这样一层薄膜做衣服，然后再在冰山中间开几个洞做蓄水池，这样阳光照射后表面融化的水就会存在这几个冰洞中。

知识小链接

在北极经常能看到金字塔形的冰山，南极的海面附近则经常会出现桌状冰山。这些冰山的体积非常大，航行的船只如果遇到冰山是非常危险的，著名的英国游船"泰坦尼克"号就是因为撞上了冰山才沉没，最终导致船上 1500 人丧生。1959 年丹麦的海轮"汉斯·赫脱夫特"号也是因为撞在了冰山上，导致近百人死亡。

Part5 第五章

海中**粮仓**

海洋面积占地球总面积的 3/4，如果海洋里可以播种粮食，那将能出产多少粮食供人们食用啊，海洋能否成为人类未来的粮仓呢？

海洋虽然不能种植水稻和小麦，但是海里的海虾、海鱼、海贝等却能为人类提供营养丰富的蛋白食物。不过现在海洋中的食物在人类摄取的营养中所占比例不大，仅占 5%～ 10%。虽然人类对海洋中的食物摄取量不多，但是捕捞量却过多，很多未长成的小鱼也都被捕捞殆尽。未来海洋能否成为人们的大粮仓？目前的渔业显示，似乎还不太可能，不过要通过海洋饲养鱼类提高其产量并不是不可能的。

在近海上有很多渔场，这是由于生物间的食物链关系，要想饲养鱼类必须要有供给鱼类的海草等食物，在深海中海藻难以进行光合作用，只有在浅海里，海藻才能得到所需的硅、磷等营养物质，所以世界上屈指可数的几大渔场都建在近海。在近海 1000 米以下的水下，有丰富的硅、磷元素，由于自然力的作用，这些物质上升到海面滋润了此处的海藻，为鱼类提供了丰富的食物，因此这里海藻茂盛，鱼类密集，是建立渔场的最佳场所。

科学家们受此启发，利用人工方法把

❖ **渔场**

❖ 渔场

深海里的水抽到海面，利用从深海中抽取的营养来养殖海藻，饲养贝类，然后再用贝类饲养龙虾，形成一种海中的食物链，这种方法在实验运用当中起到了预期的效果，收效很好。

专家们根据这种实验结果认为海洋有很大的潜力成为人类的大粮仓，陆地的农作物折合成蛋白质来看，每年只有 0.71 吨蛋白质，如果用同样面积的海水来饲养海中的食粮，能产出高达 27.8 吨的蛋白质，极富商业竞争价值。

不过要将海底深处的磷和硅带到海面上来需要大量的电力，这么大的电力从哪里来成为一大难题。不过科学家们找到了一种解决方法，就是利用不同海域里的海水温度产生的差异来发电，这不失为一个好办法。

按照这种方法，仅在热带和亚热带海域里可供发电的温水就有 6250 万

知识小链接

海水温差发电站的设想最早在 1881 年 9 月由巴黎生物物理学家德·阿松瓦尔提出。

1930 年，阿松瓦尔的学生克洛德在古巴附近的海中建造了一座海水温差发电站。1961 年法国在西非海岸建成两座海水温差发电站，发电量达 3500 千瓦。1979 年美国和瑞典在夏威夷群岛上共同建成装机容量为 1000 千瓦的海水温差发电站。

❖ 渔场

亿立方米，如果利用这些海水发电，每年可以获得 7.5 吨的海鲜。

　　通过以上的计算和设想，海洋成为人类未来的粮仓并不是不可能的。

❖ 渔场

Part5 第五章

海洋是个**大药库**

海洋中的许多生物除了有丰富的营养价值，味道鲜美以外，还都是有效的药材。

这样的生物在海中有很多，海参就是其中之一。海参是名贵的高蛋白海味，营养价值很高，有几种海参的肛门中能够释放一种毒素，这些毒素是抑制肿瘤的良药。

贝类中的牡蛎味道十分鲜美，它的体内含有一种抗生素，对于抗治肿瘤有一定功效。海中的物质能够提取抑制癌细胞的药物不在少数，从海藻和微小海洋生物中提取的有毒化合物用于治疗某些疾病是十分有效的，例如海绵中的有毒物质就有抑制癌细胞的作用，灌肠鱼体内能够提取治疗糖尿病的物质，海洋简直就是人类的大药房。

❖ 牡蛎

珊瑚礁中也有一种有毒物质，这种有毒物质和海绵一样都有抑制癌细胞的作用。珊瑚礁中的其他物质还可以治疗关节炎和气喘病，尤其是一种产自夏威夷的珊瑚，它的剧毒经过提炼可以制成治疗白血病和某些癌症的特效药。

鲨鱼是众所周知的凶猛动物，全世界各个海洋中几乎都有鲨鱼存在，它的种类共有 350 种。尽管鲨鱼很凶猛，不过这些看似对人类危害很大的动物

❖ 珊瑚礁

其实对人类造福的地方也有很多。20世纪80年代中期以来，各国科学家对鲨鱼进行了更深入细致的研究，经研究发现鲨鱼的患病率极低，几乎从不得病，尤其是对于癌症更是基本杜绝，这一发现引发了科学家对鲨鱼身体各部分药理、化学等方面的悉心研究，尤其是对鲨鱼对于癌症抗击作用的研究更是受到了科学家的重视，研究结果发现，鲨鱼之所以如此健康，主要是因为鲨鱼血清对于肿瘤细胞有杀伤作用，即使这种血清在体外也依然有效，这一发现无疑给许多癌症患者带来了福音。

知识小链接

鲨鱼为什么没有鳔？传说在很久以前，上帝最初创造的鲨鱼只是一种小鱼，有一天上帝想给所有鱼一个鳔作为赏赐。由于上帝分发鱼鳔时，鲨鱼忙于玩耍，不知道这件事情，等上帝走后，小鲨鱼才知道，急忙游去追赶，由于太着急了，就越游越有力气，最后变得很强壮。从这以后鲨鱼就成了强大而无鳔的了。

❖ 海参

Part5 第五章

名贵海药——珍珠

海中能作为药材使用的动物、植物有很多，但是要说这药中的瑰宝非珍珠莫属，自古以来珍珠就是美容养颜的佳品，入药还可以镇定安神，因此十分名贵。

我们在装饰品中经常能看到珍珠的身影，由于珍珠圆润，凝重，色泽柔和，是很多爱美女性的最爱，人们利用珍珠制成项链、耳环、戒指等饰品，不但美观大方，而且还可以防病健体。经常佩戴珍珠项链，可以防治喉炎，清神明目，对于脾气不好的人还有安神祛除烦躁的作用。《本草纲目》中记载珍珠可以收敛生肌，清肝除翳。在我国悠久的历史中，早有使用珍珠治病的记载，珍珠不但是名贵的珠宝，也是海药中

❖ 珍珠

的瑰宝。海水珍珠的药效更是胜于淡水珍珠数倍。

在很多中药配方中都有珍珠，例如在安宫牛黄丸等中成药中珍珠就起着安神定惊的作用，可以治疗神魂谵语等多种症状。梅花点舌丹中也含有珍珠，其主要作用是清热解毒，消肿止痛等。患有角膜炎等眼疾的时候，也可以用珍珠来平肝明目。对于治疗烫伤、冻伤和皮肤溃烂，珍珠可以收敛生肌，有意想不到的效果。珍珠的功效还有很多种，如能够治疗功能性子宫出血等妇

科病症，并且无副作用，还可以治疗病毒性肝炎，最主要的是它的美容功效显著，是许多女性抗衰老，增白祛斑的良药。

珍珠种类繁多，有海水珠、淡水珠和人造珠三种分类，从颜色看可以分为白色系、红色系、黄色系、深色系和杂色系五种，多数不透明。圆形珍珠为最好，天然正圆形的珍珠被称为"走盘珠"。

珍珠产生的年代十分早，大约在 2 亿年前地球上就已经有了珍珠。中国人对于珍珠的利用先于其他国家，主要是用于入药和饰品当中，如今越来越多的外国人也开始喜欢拿珍珠装饰自己，国际宝石界还把珍珠定为六月的幸运石，珍珠婚还被用来代指结婚十三周年和三十周年的纪念石，喻意健康、纯洁、富有和幸福。

生产珍珠的贝类有：

1. 合浦珠母贝：贝壳的形状为斜四方形，贝壳比较脆。

2. 珠母：贝壳的形状是不规则的圆形，贝壳厚实并且坚硬。

3. 大珠母贝：贝壳接近于五边形，略呈圆形，贝壳很厚重坚固。

4. 长耳珠母贝：贝壳几乎像一个方形，壳长 100 毫米左右。

5. 三角帆蚌：贝壳是三角形的，贝壳很大，呈扁平状，很坚硬。

6. 褶纹冠蚌：贝壳是很大的不等边三角形状。

❖ 珍珠

Part5 第五章

海洋——蛋白质的仓库

蛋白质是人类生存的基本营养，被称为"生命素"。海洋中的很多生物都富含蛋白质，整个海洋就像是一个蛋白质仓库。

目前人们对于海洋中蛋白质的摄取量并不多，人类主要的蛋白质是来自陆地上的家禽类。不过随着人口的增长，这些家禽的增长量已经无法满足人类对蛋白质的需求。为此科学家建议人们把海洋资源充分利用起来，通过海中的海产品来满足人类所需的蛋白质。海洋中丰富的蛋白质比人类的需求量高出 7 倍，每年的产量大约为 4 亿吨蛋白质，这些足够满足人们的需求，以后海产罐头和海洋食品将会大量出现。

人类最常吃的海产品是鱼，鱼类除了富含各种蛋白质以外，还含有氨基酸和维生素，味道又很鲜美，1000 万吨鱼比 100 亿千克猪肉产生的营养还多。

大海中的鱼类数量繁多，种类也是各种各样，在一万多种鱼类中，可以大量捕捞的大约有 200 多种。捕鱼的活动在古代就已经存在，古时候人们利用渔网捕鱼，也有使用钓竿的，过去渔民捕鱼都会依靠经验判断哪里有鱼群出现，然后乘坐帆船前去捕捞，现在捕鱼业越来越发达，渔民会乘坐大型渔轮，采用科学探测仪确定鱼群的位置然后进行捕捞。只要打开探测仪，无论任何时间，无论海水的深浅，都能准确地探测出鱼类的情况及鱼的种类。另外雷达、无线电装

❖ 鱼

❖ 虾

置的帮助也使渔民捕鱼变得容易
多了，即使是没有经验的渔民
也可以通过这些装置找到鱼的踪
迹，满载而归。为了方便运输，
防止鱼类长时间离开水后变得不
新鲜，这些渔轮上还配备了鱼
类加工厂，边捕捞边加工，很
快就可以把鲜鱼变成鱼产品。
这些大大降低了鱼的死亡给渔民带来的损失，保障了渔民的
收入。

　　还有一种更科学的方式可以轻易捕捉到鱼类，渔民利用鱼的趋光本能，
用灯光引诱鱼类聚集在一起，这样一网下去可以捕捉到很多鱼，降低了捕捞
的难度。除了灯光，音响发出的声音也可以让鱼因为喜欢或讨厌的原因聚集
在一起，更加便于捕捞。目前捕鱼业主要还是在浅海进行，但深海中的鱼类
更加丰富，数量更多，不久的将来，捕鱼业将会发展到深海中去。

　　虾也是人类捕捉的对象，虾类中最出色的对虾生活在南大洋附近，它们

体积大且肉质鲜美，由于渔民经常将这种虾成双成对地在市场出售，所以又

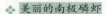

名对虾，也叫明虾。

南极磷虾也是一种含蛋白质非常高的海洋动物，它的体型虽然不大，但是营养价值却很高，10克磷虾所含的蛋白质含量比200克牛肉所含的蛋白质还多。

海中的鲸鱼同样富含高营养。鲸鱼的肉可以食用，营养价值非常高，一头鲸鱼皮下的脂肪比1700头猪或8000只羊的脂肪还多，它的皮、骨头和内脏可以制作工业原料，还能入药，强大的经济价值引来了人们对鲸的杀戮，大量鲸鱼被杀死，甚至有些种类的鲸鱼已经到了濒临灭绝的地步，为了保护这些鲸鱼免受人类的伤害，国际上特别制定了相关的法律。

知识小链接

南极磷虾产量丰富，年产量有50多万吨，被誉为"世界未来的食品库"。以磷虾为诱饵可以捕获到许多经济鱼类和须鲸，因此磷虾成为渔民捕猎的对象。全世界磷虾的种类大约有80种。它们身体透明，体积不大。磷虾喜欢成群地活动，有明显的集群性，对于海洋研究有重要的意义。